KB051019

화내지 않고 아이를 크게 키우는 법

화내지 않고
아이를 **크게 키우는** 법

초 판 1쇄 2020년 08월 11일

지은이 유채원
펴낸이 류종렬

펴낸곳 미다스북스
총괄실장 명상완
책임편집 이다경
책임진행 박새연 김가영 신은서 임종익
본문교정 최은혜 강윤희 정은희 정필례

등록 2001년 3월 21일 제2001-000040호
주소 서울시 마포구 양화로 133 서교타워 711호
전화 02) 322-7802~3
팩스 02) 6007-1845
블로그 http://blog.naver.com/midasbooks
전자주소 midasbooks@hanmail.net
페이스북 https://www.facebook.com/midasbooks425

ISBN 978-89-6637-831-9 03590

값 15,000원

화내지 않고 아이를 크게 키우는 법

유채원 지음

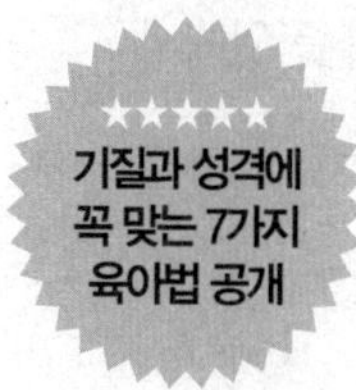

상처 많은 엄마의 자존감 육아 솔루션!

"가만히 앉아서
똥만 싸도 너는 소중해!"

미다스북스

프롤로그

사랑을 주고받는 만큼 자라는 우리들

대한민국의 아주 평범한 시골 가정에서 태어나 역시 아주 평범한 가정을 꾸리고 사는 내가 이 책을 쓰게 된 동기는 처음 엄마가 되어 아이를 낳아서 성인에 이르기까지의 키우는 과정을 함께 나누고자 해서다. 사람마다 생활과 여건들이 다르다. 그래서 외적인 환경은 상관 할 바가 없지만 내적인 마음가짐과 자세는 어느 정도 갖춰야 한다고 본다. 그래서 가장 합리적이고 올바른 자세를 가지고 자녀를 양육하고, 실패하지 않고 성공하는 육아를 위해서 어떻게 하면 더 좋은 방법으로 키울 것인가를 함께 생각해보고자 이 글을 적어보았다.

난 원치 않은 임신으로 태어났고 부모의 소홀한 돌봄으로 영양실조와 여러 가지 병을 가지게 되어 유년 시절 고생을 했으며, 자라면서 사춘기에는 여자로서 힘든 경험들을 많이 하여 아픈 상처를 안아야만 했다. 내 의지와는 상관없는 사건들이었기 때문에 가치관이 혼란스러웠고, 정체성도 역시 혼란스러웠다. 열등감과 수치심 역시 심했다. 그런 사람이 결혼하여 가정을 꾸리고, 자녀를 낳아 양육하는 과정이 그리 순탄치만은 않았을 거라고 짐작이 갈 것이다.

자존감이 바닥이 된 상태에서 결혼하니 상대방 역시 나보다 더 자존감이 바닥이고, 인성도 삶의 태도도 별로인 사람을 만나게 되는 건 불 보듯 뻔한 사실이었다. 그러나 다행인 것은 그나마 아주 나쁜 악질의 사람은 아니었음에 감사한다. 그 자신도 그럴 수밖에 없는 환경에서 태어나 그런 사람으로 자랄 수밖에 없었으니 누구를 원망할 수도 없었을 터. 서로의 아픔을 안고 살아가니 아픔과 고통은 두 배가 되었다. 아직 다듬어지지 않은 인격으로 서로를 이해하기보다 먼저 자기 보호 본능이 앞서서 상대를 공격하는 식의 태도로 대하니 감정의 골은 계속 심해질 수밖에 없었다.

이런 가정에서 아이들이 얼마나 버티기 힘들었을 것인가 상상을 해보라. 그러나 다행인 것은 일찌감치 자녀 양육에 자신이 없는 난 하나님께 기도했다. 난 자신이 없으니 하나님께서 알아서 잘 키워달라고 말이다. 그리고 나에게 지혜를 달라고 기도를 했다. 이 기도가 지금까지 아이들을 안전하게 잘 키울 수 있었던 힘이 아닌가 싶다.

학벌도 스펙도 없고 흙수저인 부모를 만나 수많은 어려운 환경에서 잘 버텨준 아이들에게 너무 고맙다는 말을 하고 싶다. 이 땅의 많은 부모님들에게 '너무 많은 애를 쓰고 계시는데 이제 이 책을 읽고 좀 쉬엄쉬엄 자신의 행복을 위해서 살아보세요.'라고 말하고 싶다. 아이들은 그렇게 우리가 애를 쓰지 않아도 잘 자라고 훌륭하게도 자기의 일을 잘 찾아서 살아간다는 말을 하고 싶다. 부모가 포기만 안 한다면 말이다. 그저 마음으로 믿어주고 사랑해주고 응원만 해주면 된다. 축구장의 선수들이 관중의 응원의 힘을 받아 2002년의 4강 신화를 이룬 것처럼 말이다.

우리 아이들은 그 축구장의 선수들이다. 관중은 열렬히 응원하는 것 외에 할 일이 없다. 축구장에 뛰어 들어가서 대신 공을 찰 수가 없기 때문이다. 그 선수들이 최선을 다해 공을 차서 골을 넣을 수 있도록 기도해주고 응원해주면 된다. 진실한 마음으로 말이다. 그럼 없던 힘까지 발휘하여 그 응원에 보답할 것이기 때문이다.

내가 지금까지 포기하지 않고 끝까지 치열한 삶의 현장에서 버틸 수 있도록 응원해주시고 돌봐주신 하나님께 먼저 감사를 드리고, 나를 아는 모든 지인께도 감사를 드린다.

사랑에는 공짜가 없는 것 같다. 주는 만큼 상대는 자라고 또한 받는 만큼

나 역시도 자라는 것 같다. 하늘의 비와 공기를 맡고 살아가는 모든 식물처럼 말이다. 우리 모두 누군가의 사랑 받는 존재이자 사랑을 주는 존재이므로 서로 소중히 여기며 아껴줬으면 한다. 그런 사회가 우리가 바라는 사회이며, 자녀들에게 물려주어도 욕먹지 않고 존경받는 사회가 아닐까 싶다. 필자의 바람은 이것뿐이다. 서로 사랑하자는 것이다. 자녀들에게도 가장 큰 유산은 사랑이라는 걸 잊지 말자.

제1장

우리 아이, 정말 괜찮을까요?

제2장

완벽한 육아 레시피는 없다

제3장

내 아이에게 꼭 맞는 육아 방법을 찾아라

제4장
화내지 않고 아이를 크게 키우는 법

제5장

아이를 세상의 중심으로 키워라

제1장

우리 아이,
정말 괜찮을까요?

왜 나는 매일 아이에게 미안할까?

원치 않은 결혼은 아이에게 늘 미안한 마음을 갖게 만든다. 난 엄마의 원치 않은 임신이었다. 내 위로 언니 둘에 오빠 둘이 있었기에 엄마는 더이상 아이를 낳지 않으려 피임을 하셨다고 한다. 그 피임법이 약했는지 이 땅에 내가 태어나야 할 이유가 있었는지 난 태어나고 말았다.

시골 일이 늘 바빠서 엄마는 날 방에 혼자 두고 호박을 던져놓고 일을 나가셨다. 난 온종일 호박을 빨다 잠이 들었고, 엄마는 해 질 녘에야 와서 나에게 젖을 물리곤 했다. 어렴풋이 호박을 혓바닥으로 빨던 기억이 난다. 아직 걷지 못하는 나이였기에 엄마는 나를 두고도 아무 걱정 없이 들에 나가 일을 하고 오신 것 같다. 그만큼 일이 바빴고 또 난 시골에서 돌봄이 부족한 상황의 가정에서 태어난 것이었다. 요즘 엄마들에게는 상상도 못 할 일이지만 옛날에는 그랬다. 40여 년 전 시골에선, 우리 집만 그랬는지는 잘 모르겠다. 그때 당시 내가 조사한 바는 없기에.

신기하다! 나도 첫애를 낳은 후, 호박이 아닌 우유와 장난감을 두고 나의 일을 보러 나갔다. 그것도 여러 번…. 걷지 못하는 아이를 눕혀놓고 일을 보고 오면 아이는 방향을 45도 틀어서 머리가 문 쪽을 향하고 있는 것이다. 너무 신기했다. 아이 혼자 누운 상태에서 움직여서 문을 향해 돌린 것이다. 마음속으로 얼마나 혼자 두려웠을까? 또 얼마나 엄마가 오기만을 기다렸으면 무의식적으로 문이 어느 쪽인지 알고 나가려고 몸을 틀어 머리가 문 쪽을 향해 있었을까? 난 아이의 그런 마음을 이해하기는커녕 내 일에 정신이 팔려 아이는 안중에도 없었다. 꼭 우리 엄마가 나에게 했던 바로 그 양육법, 방목이었다. 그저 신기하다고만 생각하고 단순히 넘어갔다. 아이에게 얼마나 큰 트라우마로 잠재되어 있을지는 생각하지 못했던 것이다.

한번은 자고 있는 아이를 놔두고 일을 보고 와보니 아이는 먹으라고 두고 간 우유는 다 엎질러놓고 내 옷을 입에 물고 울고 있었다. 눈에 눈물이 고여 있었고, 내 옷을 입에 물고 얼마나 울었는지 두려움으로 가득 찬 눈, 지금도 생각하면 너무 맘이 찢어진다. 엄마가 아닌 게지, 어떻게 그렇게 할 수 있었을까? 왜 그랬을까? 가슴이 미어진다. 난 엄마의 자격이 없었던 것이다. 맞다.

그때는 충분히 엄마의 소양을 갖추지 못한 나였다.

아이가 다 컸는데 가끔 눈물을 흘리며 아이에게 '미안하다, 미안하다, 아들아' 하며 반성의 혼잣말을 한다. 아들은 그때의 감정을 아직 가지고 있을까? 분리 불안에 힘들어하지는 않을까? 엄마에 대해 어떻게 생각할까? 생각하면 참으로 마음이 아프면서 한없이 미안해진다. 그래서 더 만회하려는 마음으로 더욱더 따뜻하게 대해 주려고 노력한다.

난 그 후로도 자주 아이들을 두고 일을 보고 저녁에 들어왔다. 어느 날은 저녁에 집에 와보니 청천벽력 같은 일이 일어나 있었다. 큰애와 둘째가 울상이 되어 두려움에 가득 차서 앉아 있었다. 둘째의 턱이 찢어진 채, 마치 입을 떡 벌리고 있는 것처럼 턱이 끔찍하게 벌어져 있었던 것이다. 둘이 낮에 놀다가 너무 배가 고파 큰애가 둘째를 시켜서 마트에서 먹을 것을 훔쳐 오라고 시켰던 모양이다. 4살인 둘째가 마트에서 먹을 것을 훔치려다 주인에게 들켜서 도망쳐 나오다가 가지고 다니던 꼬마 자동차에 턱을 찍어 찢어진 것이다. 옆집 할머니가 우리 아이들을 보고 연고를 발라주었는지 턱에 묻어 있었다. 난 너무 황당하고 놀라서 바로 응급실에 아이를 데리고 가서 턱을 꿰매고 돌아왔다. 정말이지 너무 마음이 아팠다. 더욱 힘든 것은 그렇다고 아이만 껴안고 집에만 있을 수가 없는 현실이었다.

내가 나쁜 엄마였다. 아이들을 버려두고 먹을 것도 준비해놓지 않고 나간 것이 그런 결과를 낸 것이란 생각을 하니 정말 마음이 아팠다. 얼마나 배가 고팠으면 마트에서 먹을 것을 훔치려고 마음을 먹었을까 생각하니 마음이 너무 괴로웠다. 그때 그 시절이 한스러울 뿐이다. 왜 그리 매일 아이들한테 미안한 일만 생겨날까? 15년이 지난 지금도 생각하면 마음이 너무 아프다. 못난 엄마 아빠를 둔 아이들이 너무 불쌍하고 속이 상했다. 아이들은 결코 잘못이 없다. 그렇게 만든, 그럴 수밖에 없도록 만든 엄마 아빠의 잘못이다. 난 아이들을 보며 한숨과 한탄이 나왔다. 아이들에게 할 말이 없었다. 아이들에게 풍요와 행복을 줘야 하는데 배고픔과 외로움을 줬다는 생각에 가슴이 미어졌다. 돈도 시간도 없어 아이들에게 베풀지 못했다.

큰애는 갓 돌이 되자마자 할머니가 데리고 가서 키웠다. 이유인즉 둘째를 더 낳으라는 시어머니의 작전이었다. 그러나 나중에 진심을 들어보니 내가 당신 아들과 오래 못 살고 이혼을 할 것 같아 미리 큰애와 정을 들여놓기 위함이었다는 것이다. 대부분 시골 사람들이 하는 생각이었다. 주변에 많은 총각들이 장가도 못 가고, 갔다 하더라도 이혼을 하게 되니 시어머니도 그런 염려를 미리 할 수밖에 없었던 것 같았다. 오호 애재라! 그런 시어머니가 이해는 간다. 하지만 난 우리 큰애와 몇 년간 떨어져 지내야 했다. 둘째를 2년 터울로 낳고, 혼자 산후조리 도움 없이 키우고 육아에 신경 쓰느라 큰애는 잊고 살았던 것이다.

만 네 살이 다 되어 애를 데리고 왔는데, 완전 다른 애가 되어 있었다. 나의 아들이 아닌 남의 아들이 되어서 온 것이다. 이럴 수가! 아이는 완전 노랑머리에 긴 장발, 아주 성격도 감을 잡을 수가 없는 애가 되어서 와버렸다. 난 애를 데려오자마자 미용실부터 가서 아이의 머리를 완전 짧은 스포츠머리로 깎아버렸다. 멋을 내게 해주려고 고모가 해줬다는데 난 너무 못마땅했다. 어린아이에게 무슨 염색을 한다고 했는지 아이는 그냥 자연 그대로가 더 예쁘고 자연스럽다고 생각한 나였다.

한번은 슈퍼를 데리고 갔다가 왔는데 집에 와서 보니 호주머니에서 애들이 좋아하는 마이쮸랑 사탕이 나왔다. 분명 내가 계산을 안 했고 사주지 않았는데 호주머니에서 나온 걸 보고 황당해서 물었다.

"이게 뭐니?"

아이는 말이 없었다. 난 계속 물을 수밖에 없었다. 나중에야 아이는 입을 열었다. 자기가 그냥 가지고 온 것이라고…. 난 할 말을 잃어버렸다.

'이게 뭔 일이지?'

이해가 가질 않았다. 애가 왜 이런 짓을 하지? 네 살 애이지만 이건 아니다 싫어 단단히 교육했다. '남의 물건을 가지고 오면 안된다. 이건 도둑질이다.' 하며 혼을 냈다. 겉으로 웃으며 차분히 교육을 했지만 기가 막혔다. 앞이 캄캄했다. 어떻게 앞으로 해야 할지 답답했다. 세 살 버릇 여든까지 간다는데, 지금에야 이해가 가지만 그때는 내가 심리 치료를 받을 정도였다.

애가 마트에서 물건을 그냥 들고 온 버릇이 다 이유가 있었던 거였다. 시골 할머니 집에서 살 때 큰고모 집에 자주 갔었는데 고모 집이 작은 구멍가게를 해서 애가 마음대로 먹거리를 집어 먹던 습관이 있었던 것이다. 역시나 아이는 잘못이 없었다. 환경이 애를 그렇게 만든 것이다. 다 결국 엄마의 잘못인 것이다. 할머니 집에 애를 맡긴 잘못.

'아들아! 미안하다. 널 이해 못 하고 혼만 냈던 엄마를 용서해다오! 넌 아무 잘못이 없어!'

난 한없이 눈물을 흘려야 했다. 내가 엄마에게 받지 못한 사랑과 관심을 아이들에게도 똑같이 못 해준 것이다. 받은 대로 돌려준다는 말이 이렇게 적용되다니…. 내가 기분 좋으면 아이들에게 기분 좋게 대하고, 내가 짜증이 나고 기분 나쁘면 아이들에게 화를 내고 화풀이 대상이 되는 것이다. 내 아이는 나의 쓰레기통이 되어버렸다. 나의 감정 쓰레기통! 정말 미친 엄마, 자격 없는 엄마였다. 그만큼 난 내 스스로 준비되지 못한 엄마였던 것이다.

아이는 영문도 모른 채 태어나 영문도 모른 채 당한 것이다. 아마도 일단 태어나면 '이런 게 세상살이구나.' 하며 세상을 그렇게 왜곡된 모습으로 보고, 적응을 하고 받아들였을 것이다. 지금은 삐뚤어진 엄마의 정신이 고쳐져서 아이도 많이 좋아졌지만, 만일 고쳐지지 않았다면 우리 아이는 과연 어떤 아이로 성장해 있었을까 생각만 해도 끔찍하다.

우리 아이, 정말 괜찮을까요?

난 아이를 키우면서 많이 아팠다. 남편과의 성격 차이와 경제적 어려움으로 많이 다투며, 아이들에게 많은 사랑을 베풀지 못했다. 텅텅 빈 냉장고에 아이들에게 먹을 것도 못 해주고, 그저 방목을 일삼는 나쁜 엄마였다. 뭐가 그리도 바쁜지 아이들에게는 일도 관심 없는 엄마였다.

큰애는 더군다나 할머니 할아버지 손에 자라서 눈만 뜨면 TV 삼매경에 빠지고 라면을 좋아했다. 할아버지가 라면을 아주 좋아하셔서 배가 아프면 라면을 먹고 나을 정도였다고 한다. 큰애 역시 할아버지랑 같이 살면서 라면에 길이 들여져서 거의 15년간 라면을 달고 살았다고 해도 과언이 아니다. TV는 또 어떠한가? 어느 날은 새벽에 우연히 소리가 들려 잠을 깨보니 5세

아이가 엄마 아빠 다 자고 있는 새벽 6시에 혼자 TV를 보고 있지 않은가? 어린이 만화를 보고 있는 것이다. 얼마나 TV를 밤낮으로 봤으면 TV 브라운관이 터져버릴 정도였다. TV 브라운관 터지는 걸 방안에서 보고야 말았다. 황당 그 자체였다.

큰애는 점점 자라면서 게임에 빠지기 시작했다. 집에 있는 노트북으로 하다가 엄마가 잔소리하면 PC방으로 간다. 허구한 날…. 어릴 때는 학교 앞에서 하는 게임을 하다가 좀 커서는 PC방이다. 모든 애들이 그렇지만 우리 애는 유난히 게임을 좋아했다.

어느 날은 아들이 친구에게 5만원을 주면서 게임 머니를 사다달라고 한 적이 있었는데, 그 돈이 바로 내 지갑에서 훔친 것이었다. 난 그 사실을 알고 그 아이의 엄마에게 전화했다. 당신 아들이 우리 아이를 꼬드겨서 돈을 뜯어 게임을 했다고 말이다. 그 엄마 역시 일을 하는 엄마여서 자기 아들이 그런 짓을 하리라고는 생각을 못 했는지 믿지를 않는 것이다. 말도 안 된다며 자기 아들이 얼마나 착한 애인데 그럴 리가 없다면서 당장 경찰서로 가자는 것이다. 경찰서에서 따져보자는 것이다. 그러더니 누구한테 물어봤는지 미성년자는 경찰서에서 안 받아 주니 동네 파출소로 오라는 것이다.

그래서 난 두 아이를 데리고 파출소로 가서 얘기했다. 경찰은 한심한 눈으로 나를 쳐다보며 아이 교육 제대로 하라는 식의 말을 하며 둘이 알아서 합의를 보라는 것이다. 난 내 아이는 내가 알아서 키울 테니까 걱정하지 말라고 하고 나왔다. 나와서 상대 엄마에게 말했다. 아이를 제대로 키우려면 아이가 가져간 돈을 달라고 했다. 그 애 엄마는 절대로 돈을 줄 수가 없다고 했다. 난 알아서 하라고 하고 그냥 와버렸다. 그랬더니 따라서 오면서 다는 못 주고 절반밖에 못 주겠다고 했다. 난 알아서 하라고 했다.

난 상대가 잘못을 하면 그걸 꼭 고쳐야만 직성이 풀리는 성격이 있다. 만일 남의 물건을 훔친 것은 다시 돌려줘야 반성이 된다고 생각했다. 기어코 버릇을 고쳐야 한다는 것이 지론이다. 중학교 시절 짝꿍이 내 샤프펜슬을 훔친 적이 있는데 한 시간 내내 수업내용이 들어오지 않고 내 뺨을 치며 통탄을 하자 짝꿍이 왜 그러냐고 물었다. 난 도둑질하는 짝꿍을 그냥 두고 볼 수가 없다고 하며, 훔친 사실을 알게 되었다고 하자 돌려주면서 미안하다고 다시는 도둑질 안 하겠다고 한 일이 있다.

이런 일이 한두 번이 아니다. 또 어느 날은 애들끼리 놀다가 이런 일이 생겼다. 밖에 나갔다가 들어와보니 애들이 동네 형을 데리고 왔는데 먹을 것을 사줬다며 자랑을 하였다. 우리 애한테 돈도 줬다고 했다. 그 돈이 어디서 났냐고 하자 할머니가 용돈을 줬다고 했다. 그 형은 초등학교 4학년이고, 우리 애는 초등학교 2학년 때의 일이다. 난 정말 좋은 형을 만나서 좋겠다고 하며 할머니가 용돈도 많이 줬나 보다 하고 부러워하며 좋아했다.

애들끼리 놀다가 나가고, 난 집을 청소를 하며 우연히 내 가방을 보고 놀라지 않을 수 없었다. 지갑에 돈이 없어진 것이다. 저녁에 들어온 남편도 자기 지갑에 돈이 없어졌다는 것이다. 합쳐서 13만 원이 없어진 것이다. 너무 황당해서 아들을 불러놓고 물었다. 아까 그 돈이 어디서 난 것이며, 그 형이랑 집에서 뭘 하고 놀았냐고 물었다. 숨바꼭질을 하며 놀았다고 했다.

그 애는 알고 보니 새엄마에게서 엄청 구박을 받고 자란 애였고, 입만 열면 거짓말을 하는 애였다는 걸 알게 되었다. 이대로 묵인하면 그 애도 우리 애도 다 나쁜 애로 성장을 할 것 같아 이 사실을 분명히 밝히고, 그 부모에게 알려야겠다고 생각했다. 그 집을 찾아갔다. 그 집은 엄마 아빠가 맞벌이를 하면서 애들을 잘 돌보지 않는 집이었다.

난 그 아이가 스스로 자백하고 반성을 하도록 설득하기 시작했다. 아이는 끝까지 아니라고 했다. 자기는 돈을 훔치지 않았다고…. 그도 그럴 것이 자기 아빠한테 혼날 것을 두려워하는 눈치였다. 안 그래도 집에서 무시당하고 천덕꾸러기로 욕만 먹고 자란 아이였던 것이다. 난 이럴수록 그냥 무시하고 넘어갈 수가 없었다. 난 그 아이를 꼭 껴안으며 말했다.

"○○아! 난 네가 아무리 돈을 훔쳤다고 해도 널 미워하지 않아. 널 사랑하니까 고쳐주려고 한 거야. 돈은 안 줘도 되지만 네가 훔치는 버릇을 고치기 위해서는 가져간 돈은 꼭 돌려줘야 한단다. 그래야 진정한 반성이 된단다."

아이는 고개를 푹 숙이며 대답을 하지 않았다. 난 그 정도 해놓고 집으로 돌아왔다. 다음날 아이는 아빠와 함께 돈 봉투를 들고 찾아왔다. "죄송합니다!" 하며 인사를 하고는 애써 웃으면서 말이다. 나 역시 "그래. 잘 생각했다. ○○아 고마워, 사랑해."라고 했다. 마음이 뿌듯했다.

그 아이 역시 잘못이 없었다. 그렇게 만든 부모의 잘못이니까. 새엄마 밑에서 얼마나 상처가 깊고 사랑을 받지 못했으면 그렇게 삐뚤어진 행동을 하나 싶은 마음에 아려왔다. 그 아이가 진정 잘 성장하기를 바랄 뿐이었다. 난 그 아이를 진심으로 미워하지 않았다. 그저 불쌍하고 '사랑받지 못한 가정에서 저런 아이가 나올 수밖에 없구나.' 싶은 마음에 우리 아이들에게 사랑을 많이 줘야 한다는 걸 알았다. 그러나 난 머리로는 아는데 행동으로는 실천이 잘되지 않았다. 내가 받아보지 못한 이유일까?

그 뒤로 가끔 그 아이를 만났을 때 반갑게 맞아줬고 응원을 해줬다. 고등학교 때까지도 길거리에서 만나면 반갑게 인사했다. 최근에 큰애한테 들은 소식인데 회사를 잘 다니고 있다는 소식이 들렸다. 잠시 통화 내용을 들어보니 아주 철이 든 목소리와 말투가 너무 반가웠다.

난 큰애한테 무슨 얘기를 했는지 궁금해서 물어보았다. 그 애는 그 뒤로도 친구들과 사고를 많이 치고 경찰서까지 드나든 적도 있었다고 했다. 고등학교 졸업 후 2년간 방황하다 지금은 맘 잡고 회사 다닌 지가 벌써 2년째라고 했다. 우리 애를 보고 같이 밥 먹자고 하며 너무 반가워하는 것이었다. 난 나에 대해 혹시 기억은 하고 있더냐고 물어보았다. 나한테는 입이 열 개라도 할 말이 없다고 했다. 늘 죄송하고 고마운 마음뿐이라고 말이다. 난 마음이 애잔하면서 흐뭇했다. 그 아이가 그나마 사회에 적응 잘하고 잘 살기를 바랄 뿐이었다.

아이들은 부모에게 받은 만큼 성장한다고 생각했다. 사랑과 애정을 쏟아부으면 아이는 건강하고 바른 아이로 사회에 이바지하는 성인으로 자란다. 넘치는 사랑을 받은 아이는 성인이 되어서 넘치는 사랑을 베풀며 산다. 반면 구박받고 무시당한 아이는 이 사회를 부정적으로 바라보며 구박받을 짓만 하고 남을 무시하며 헤치면서 그게 당연한 줄 안다. 아이는 아무 잘못이 없다. 부모에게 받은 대로 베풀며 살기 때문이다.

남의 아이는 그렇게 훈육을 잘하면서 왜 내 아이에게는…. 난 큰애가 하는 모든 행동이 마음에 안 들었다. 눈뜨면 TV에 게임에, 공부는 뒷전이었다.

동네 친구들과 형들에게 돈 뜯기고 게임을 위해 엄마 아빠 돈을 훔쳐서 갖다 주고 오로지 게임에 미쳐 있는 애였다. 그런 애를 보면서 뭐가 잘못됐는지 알 수가 없었다. 어디서부터 고쳐야 할지 몰랐다. 이러다 정말 사람 구실도 못 하면 어쩌나 하는 생각도 들었다.

내 잘못이란 생각은 해보지 못했다. 그럴 여유도 짬도 없었다. 뭐가 그리도 바쁘고 복잡했는지 난 아이들이 근본적으로 뭐가 잘못됐는지 찾을 수가 없었다. 결국 난 우울증으로 아이들을 거의 방치하게 되었고, 돈 번다고 또 애들을 잘 돌보지 못했다. 이런 우리 아이가 과연 이대로 괜찮을지 마음속에는 늘 걱정이었다.

난 아이를 걱정하는 마음에 내가 먼저 고쳐야 한다는 걸 알지 못했다. 그땐 그랬다. 지금 생각해보면 나 자신의 아픈 곳을 치유하기에 바빴던 것이다. 그러면서 삐뚤어진 부모가 아이를 망치고 나중에 큰 사고도 낼 수 있다는 걸 여러 가지 매체와 이웃 사람들에게 일어난 사실을 보고 마냥 두려워할 뿐이었다. 우리 아이 정말 이대로 괜찮을지…. 난 결혼 전에 부모를 한 해에 다 하늘로 보낸 뒤로 우울증에 시달리고 있었다. 병든 엄마가 건강한 아이를 낳을 수가 있을지는 각자 상상해보기 바란다.

난 아이를 낳아놓고 회피라도 하듯 자신이 없던 터라 신앙이라는 이름으로 하나님께 맡겨버렸다.

'하나님! 우리 아이들 저는 잘 키울 자신이 없습니다. 아버지께서 책임져주십시오!'

이런 기도를 매일 하며 난 엄마이기를 거부한 듯 책임 회피를…. 진정 엄마 맞나?

집안은 난장판이고 하루하루가 전쟁이에요

우울증에 시달리니 만사가 귀찮은 거 누구도 다 잘 알 것이다. 난 사실 우울증이 심한 상태에서 결혼을 했다. 20대 초반에 부모를 한 해에 잃었다. 두 분 다 암으로…. 아버지는 직장암에 대장암, 위암 합병증으로, 엄마는 위암 말기로 세상을 떠나신 것이다. 난 그 충격에 10여 년간 우울증으로 심하게 고생을 했다. 엄마의 죽음이 나 때문이라는 생각에서이다. 왜냐하면 엄마는 위암 말기로 너무 고통스러워 음독자살을 하신 것이다.

엄마는 그 당시 나랑 같이 교회에서 밤샘기도를 하고 자다가 새벽에 통증이 심해서 자고 있는 나에게 주물러 달라고 했는데 난 한 번 주물러주고 잤다. 한참 뒤에 한 번 더 해 달라고 엄마는 날 불렀는데 난 엄마에게 짜증을 내며 그냥 자라고 했다. 너무 졸려서 눈이 안 떠졌기 때문이다. 그 뒤로 엄마는 내가 깊이 잠든 걸 알고 혼자 나가 집에 있는 농약을 들고 밭으로 가서 마지막 생을 마감하신 것이다. 난 그날 밤 새벽을 잊을 수가 없다. 죄책감에 시달려야 했다. 결혼 무렵에는 더군다나 부모를 잃고 난 지 얼마 안 되었기 때문에 더욱 힘들었다.

부모님 상을 치른 후 큰오빠는 막내인 나에게 같이 살자고 했다. 난 경황이 없어 오빠 말에 순종할 수밖에 없었다. 선택의 여지가 없었다. 그러나 큰오빠 집에서 얹혀산다는 게 보통이 아니었다. 올케는 자기 여동생을 불러들여서 나와 싸움을 붙였다. 난 부모 잃은 아픔에 거의 제정신이 아닌 상태에서 내 물건에 손을 댄 사돈처녀에게 한마디도 못 하고 당해야 했다. 얹혀사는 주제에 미움을 받을 수밖에 없었다. 큰오빠가 없을 때는 두 자매는 나에게 사정없이 욕설과 폭행으로 괴롭혔다.

말로 표현할 수 없는 모욕에 시달리며 빨리 이 지옥에서 벗어나는 길은 결혼하는 수밖에 없다고 생각했다. 그래서 교회에서 만난 청년 중 한 명이 나를 좋아하는 것 같고, 사귀자고 하기에 전혀 내 스타일은 아니지만 승낙을 했다. 그저 오빠 집에서 빨리 나와야 된다는 생각뿐이었다. 그때의 나의 심정은 말은 못 하고 속으로는 미칠 지경이었다. 이 일을 어찌할꼬! 부모를 한 해에 잃은 고아의 서러움인가? 너무너무 두렵고 괴롭고 힘들었다. 그 누구에게 물어볼 사람도 없었다. 어찌할 수 없는 현실에 한숨만 나올 뿐이었다. 이런 결혼에, 나 또한 원치 않는 임신을 하게 되니 본의 아니게 큰애를 불성실하게 양육하게 되었던 것이다..

임신을 했어도 남편은 홧김에 나를 밀치고 욕설을 퍼붓고 난폭한 행동을 일삼았다. 난 배 속에 아이에게 '죽어라, 죽어라.' 하면서 배를 때리기도 했다. 이런 애가 태어났으니 정서가 불안할 수밖에 없었다.

난 부모의 영향으로 건강 염려증에 시달려야 했다. 조금만 아파도 불안해하고 병원에 가서 검사를 받아야 했고 두려움에 떨어야 했다. '혹시 암이 아닌가?' 하고 검사해보면 아무 이상이 없다는 것이다. 알고 보면 생리통이었는데 배가 아프기만 하면 심하게 걱정하고 두려워하기를 수백 번, 매달 생리 때마다 반복적으로 시달려야 했다.

이러니 집안은 난장판이 될 수밖에 없었다. 몸이 허약하지 않은데도 스스로 허약하다고 여겨 몸을 사릴 수밖에 없었다. 바로 정신적인 문제, 즉 정신병이 생긴 것이다. 아이는 안중에도 없고 내 몸 사리기에 바빴다. 그러니 애들은 자기들 알아서 커가야 했다. 아이들에게 뭘 해준다는 것 자체가 부담스러웠다.

'다시 내가 과거로 간다면 얼마나 좋을까? 마음껏 사랑해줄 텐데….'

지금 생각하면 마음이 아프다. 하지만 내 아이는 결코 나를 원망하지 않았다. 너무 착한 아이들이었다. 어쩌면 내가 착각을 하는 것일 수도 있다. 남자아이들은 말을 하지 않는다. 특히 엄마와는 전혀 속 얘기를 하지 않는다.

난 죽기 아니면 까무러치기로 버티며 삶을 살아야 했기 때문에 아이들과 집안일에는 소홀할 수밖에 없었다. 일단 내가 문제이다 보니 아이들도 점점 성적도 형편없고 그저 노는 대만 도가 터 있었다.

난 태아 때부터 엄마의 원치 않은 임신으로 버림받은 에고와 집착이 심했고, 유아기 때도 그냥 혼자 방안에서 두려워하며 엄마를 기다려야 했고, 초등학교 때는 아버지의 암 투병으로 엄마는 날마다 아버지의 병수발 드느라 나에게는 따뜻한 손길이 거의 없었다.

심지어 나도 아버지의 병을 고치기 위해 온갖 민간요법으로 좋다는 것은 다 구하러 다녀야 했다. 아버지의 암 투병에 좋다는 음식 말이다. 수백 가지는 될 것이다. 기억나는 것만 해도 수십 가지다. 돌미나리, 민달팽이, 알로에베라, 개고기, 들깻가루, 굼벵이, 민들레, 심지어 송장까지….

한여름 비가 폭포수 같이 쏟아지는 날 밤 엄마는 작은오빠를 데리고 장례를 치른 지 얼마 안 된, 땅에 매장한 지 얼마 안 되는 무덤을 파헤치고 송장을 꺼내어 다려서 아버지를 주었다는 것이다. 얼마나 집안의 장손인 아버지를 살리고자 하는 마음이 강했으면 그런 짓을 했을까 싶어서 난 엄마의 희생에 놀라울 뿐이었다.

중학교 2학년 때 난 또 감당하기 힘든 일을 겪어야만 했다. 언니 오빠들이 모두 타지로 떠나고 난 아랫방에서 혼자 잠을 자게 되었는데 밤사이 무슨 일이 일어났는지 아침에 나는 속옷이 칼로 찢어져 벗겨져 있는 것을 보게 되었다. 아무리 생각해도 기억이 나질 않았다. 얼마나 깊이 잠이 들었는지 난 누가 내 방에 왔는지 나에게 무슨 일을 하고 갔는지 알 수가 없었다. 난 학교 가서 담임 선생님께 물었다. 이런 일이 있었는데 혹시 임신이 되느냐고. 선생님은 아마도 그런 상황에서는 임신은 되지 않을 거라고 했다.

난 안심을 하고 집에 와서 엄마에게 일어난 사실을 얘기했다. 그런데 엄마는 깜짝 놀라시며 발을 동동 구르시며 너의 몸을 빼앗겼냐면서 무릎을 치시는 것이다. 난 이미 진정이 되었는데 엄마의 그런 행동에 다시 큰 충격을 받을 수밖에 없었다. 아무것도 모르는 나로서는 엄마의 그런 행동이 내가 엄청 큰 잘못을 한 것이고, 나에게 큰 문제가 생긴 것이라는 느낌을 받았기 때문이다. 난 사춘기 때이므로 그런 사실이 두려웠고, 어떻게 해야 할지 몰랐다.

엄마는 나를 위로하기는커녕 너는 이제 버린 몸이라는 인식을 심어주었다.

지금 생각하면 그 당시 엄마의 입장은 딸인 내가 남자에게 성폭행을 당한 것이라고 생각했던 것 같다. 난 아무 기억도 안 나는데 내가 굳이 그런 생각을 해야 하나 싶었지만 엄마의 걱정이 나에게 그대로 전달이 되어 나 역시도 어쩜 이제 난 여자로서 순결을 잃은 사람이 되어버린 것인가 하는 의문이 들었다.

더군다나 고등학교 때 여자 교장 선생님이 여고였던 우리에게 성교육을 한답시고 하는 말이 자기가 결혼 전에 성폭행을 당했거나 성경험이 있을 경우 무덤까지 비밀로 간직하고 살아야 된다고 하였다. 그때만 해도 성에 대한 인식이 아주 보수적인 우리나라 정서에서는 그런 교육이 필요했을 것 같다.

난 순간 중학교 때 내가 경험한 이상한 사건이 떠올랐다. 나도 그런 일이 있던 것을 숨겨야 하나? 나도 그때 성폭행을 당한 건가? 아리송했다. 속으로 '난 아무렇지 않아. 난 성폭행을 당하지 않았어!' 하고 외쳐보았지만 알 수가 없었다. 그날 밤 나에게 무슨 일이 일어났는지. 장담을 할 수가 없었다. 점점 자신감이 떨어지고 의기소침해지고, 여자로서 결혼을 하기 전에 이런 사실을 누가 알까 봐 두려웠고 결혼을 못 하게 되지는 않을까 두려움이 생기기 시작했다. 인생 낙오자가 된 듯한 기분이 들었다. 지금이야 성에 대해 열려 있지만, 그 어린 나에게는 심각한 고민으로 자리를 잡았던 것이다.

이런 내가 결혼을 해서 아이를 낳았으니 집안이 잘 돌아가기란 꿈도 못 꿀 일이다. 남편은 32평 아파트가 있다고 신혼살림을 거기서 하자고 해놓고, 막상 결혼을 앞두고는 150만 원짜리 월세로 계약을 하고 살게 했다. 32평 아파트는 부모님 재산이라서 부담스럽다는 것이다. 불평을 하면 먼저 가신 선지사도들을 생각하라며 호강에 초친 소리 하지 말라고 나를 혼냈다. 난 내가 부족하기 때문에 감내해야 했다.

이런 결혼생활이 순탄할 리가 없었다. 임신한 몸으로 싸우면서 도망쳐 뛰어나가야 했고 남편은 그런 나를 잡으려고 뒤쫓아왔고, 난 비명을 지르며 안 잡히려고 안간힘을 쓰며 도망을 갔다. 난 지옥을 맛보며 날마다 지옥 생활을 해야 했다. 기대도 안 했지만 결혼생활이 이런 거였나 싶을 정도로 죽고 싶고 우울했다. 날마다 임신한 몸으로 옆집 5층 아파트 옥상에 올라가 자살을 생각했다. 그럴 때마다 시골에 친구들을 떠올리며 그 친구들이 내가 자살한 사실을 알면 얼마나 마음이 아플까 싶어 되돌아오곤 했다. 이런 생활이 언제까지 갈까 앞날이 끔찍했다. 배 속에 아이가 얼마나 공포심에 두려워했을까. 지금 생각하면…… 말을 잇지를 못할 지경이다. 아! 이 슬픔이여!!!

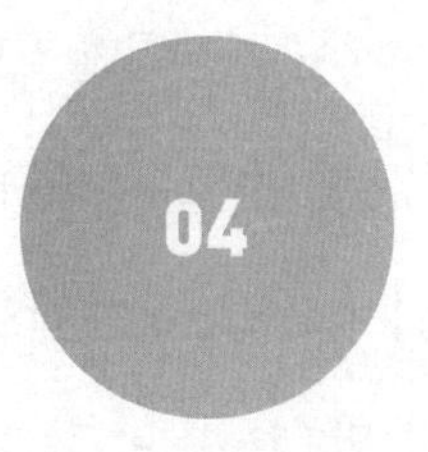

남자아이는 왜 말을 듣지 않을까요?

난 남자아이만 둘을 낳았다. 여자아이가 아닌 게 너무 다행스러웠다. 나와 같은 경험을 하게 하고 싶지 않았다. 나만으로도 충분히 지옥 맛을 보고 있는데, 딸까지 그러지 않으리라는 보장은 그 누구도 못 하기 때문이다. 우여곡절 끝에 큰애를 낳고 기르다 1년이 되어 시어머니가 데리고 가고, 2년 터울로 둘째를 낳았다. 큰애가 돌아오고 둘이 되었다. 다행히 남아 둘이어서 잘 놀고 서로 의지하고 좋았다.

남편은 마음에 안 들어도 아이들만큼은 엄마로서 잘 키우고 싶은 마음이 왜 없었겠는가. 그러나 살다 보면 그리 되기가 쉽지 않다. 아이들을 온종일 돌보아야 하는데 즉 잘 먹이고 잘 놀아주고 책도 읽어주고 해야 하는데 왜 그리도 그게 잘 안 되었을까? 난 기본적인 것도 못 해주고, 애들이 스스로 잘 크기를 바란 것 같다. 최소한 엄마로서 해줘야 하는 세끼 밥 챙겨주는 것도 못 해주고 알아서 놀다가 배고프면 굶든지 찾아서 먹든지 하라는 식으로 일을 하러 다녔다. 돌아와 보면 애들은 아파트 주차장에서 뒹굴고 땅바닥에 누워 놀고 엉망진창이 되어 있었다. 주차장이 어린아이가 놀기에는 좋지만, 자동차 매연으로 오염된 바닥인지라 반바지 차림의 아이에게는 너무 악조건이었다.

결국 아이는 놀이방에 가는 아침 시간에 걷지를 못하고 울면서 고통을 호소했다. 병원에 가보니 다리에 염증이 생긴 것이다. 이름도 희한한 병이었다. 병균들이 혈관을 타고 뇌까지 올라갈 수 있다는 것이다. 병원이 다 그렇지만 너무 과장된 설명 같고, 겁을 준다는 생각이 들면서도 앞이 캄캄했다. 아이가 걷지를 못할 정도니 입원을 하게 되었다. 난 모든 일을 중단하고 아이를 간호해야 했다. 너무 바쁜데 병원에 갇혀 있으려니 속이 터질 것 같았다.

마음이 아프다. 지금 생각하면 그때는 뭐가 그렇게 중요하고 바빴었던가 싶다. 눈물이 난다. 철없이 링거를 꽂은 팔로 신나게 뛰어놀던 아이를 혼내며 조용히 하라고 했던 내가 너무 밉다. 아이는 모처럼 엄마가 자기랑 같이 있어준 게 너무 좋았던 모양이었는데 난 아이의 마음은 몰라주고 바쁜데 나를 병원에 꼼짝 못 하게 한 아들이 미웠다. 난 참 못된 엄마였다. 그 순간만이라도 아이를 사랑하는 마음으로 잘 봐주고 놀아줬으면 얼마나 좋았을까 싶다. 잊고 있던 그때의 나와 아이의 마음이 느껴지니 말로 표현하기가 힘들 정도로 마음이 아프다.

아이의 마음을 왜 이해해주지 못해야만 했을까? 내가 받지 못한 사랑을 아이에게 똑같이 해주었던 것이었을까? 무의식적으로 나도 모르게 아이들에게 그대로 전하고 있었다. 결론은 아무도 잘못이 없다. 엄마인 나 역시도 물려받은 대로 딱 그만큼 베푼 것이었으니 말이다. 의식이 깨어나기 전이니 무의식적으로 그렇게 대물림한 것이다. 지금은 의식이 확장되고 깨어나서 생각해보니 참 마음이 아프다.

애들은 내가 소홀히 한 만큼 자기들도 마음대로 커갔다. 난 아이들이 빨리 커서 독립하기를 원했다. 우리 엄마 역시 나와 작은오빠에게 이른 독립을 원했었다. 작은오빠에게도 남자지만 밥도 할 줄 알아야 하고 주방 일을 다 해줘야 여자가 좋아한다고 가르쳤고, 나에게도 7살 때부터 온갖 반찬을 만들 때마다 나를 불러 옆에서 보게 하고 가르쳤다. 어느 날은 팥밥을 해놓으라고 시켰다. 난 어린 나이에 팥밥을 설명은 들었지만 너무 어려웠다. 결국은 밥을 태워버려서 엄마에게 얼마나 욕을 먹었는지 모른다.

나 역시도 애들을 얼른 독립을 시키고 싶어 중학교 시절부터 아이들에게 독립을 교육했다. 고등학교 가지 말고 취업부터 하라고 했다. 물론 안 되는 거 알지만 공부도 하지 않고 게임만 하고 학교는 놀러 다니는 아이들이 조금이라도 정신을 차렸으면 하는 마음에서 그렇게 학교 다니려면 차라리 알바라도 하고 돈을 벌라고 했다.

애들은 고등학교는 다녀야 된다고 했다. 난 속으로 웃음이 나왔다. 옳지! 그럼 학교를 놀러만 다니지 말고 공부 좀 제대로 하라고 했다. 꼴찌는 너무 하지 않느냐 꼴찌에서 두 번째는 해야 되지 않느냐고 했다. 많은 것은 바라지 않았다. 엄마는 학교 다닐 때 반장 부반장은 도맡아서 하고 공부도 일, 이등 했다. 아이들이 너무 공부를 못하니 자존심이 상했다. 엄마를 위해서라도 좀 노력을 해 달라고 했다. 나도 양심은 있었다. 아주 잘하라고는 바라지 않았다. 꼴찌만 면하면 된다고 했다. 그러기 위해서는 내가 조금이라도 신경을 써야 했다. 말로만 하라고 했을 때는 전혀 바뀌지 않을 것이라는 걸 알고 있었다.

어느 날 영어 단어 시험이 있다고 아들이 투덜대자 난 중학교 때 영어 이야기 대회에 나가서 상도 받았는데 아들은 시험을 망치게 하고 싶지 않았다. 그래서 공부를 도와주기로 마음먹고 두 시간 정도 같이 공부를 해줬는데, 다음 날 아이가 시험을 백 점을 받아왔다. 정말 놀라웠다. 우리 아들도 신경써서 공부를 도와줬더니 잘한 것이었다. 반에 같은 이름을 가진 아이는 빵점

인데 우리 아이는 백 점이라고 선생님께서 칭찬까지 해줬다고 했다. 난 아이에게 축하한다 하고 한턱내라고 했다. 아이도 어깨가 으쓱해서 좋아했다.

난 둘째에게도 시험을 잘 보면 5만 원을 주겠다고 약속을 하고 공부를 독려했다. 둘째는 돈을 아주 좋아했다. 반에서 10등 안에 들면 5만 원을 준다고 하니 도서관으로 가서 공부했다고 한다. 와, 우리 애들이 한다면 하는 애구나. 돈이 좋구나! 내가 조금만 관심을 가져주니 저렇게 좋아하는구나 싶었다. 둘째도 역시나 10등 안에 들어서 5만 원을 받아갔다. 난 점점 수위를 올렸다. 큰애는 워낙 공부를 못하니 큰 기대는 하지 않았다. 공부 못해도 좋으니 건강하게만 자라면 된다고 하면서 꼴등만 면하라고 했고, 둘째에게는 반에서 5등 안에 들면 10만 원을 주겠다고 했다. 둘째는 역시 돈을 너무 좋아해서 또 열심히 도서관에 가서 공부를 하더니 4등을 했다. 난 약속을 지켰다. 애들은 관심을 가져준 만큼 잘한다는 걸 알았다. 많이 실천을 못한 내가 약속했지만 그때는 어쩔 수가 없었다.

큰애와 둘째는 성향 자체가 많이 달랐다. 큰애는 유년 시절 할머니 할아버지에게서 자라서 느긋한 성격이고, 엄마에게 뭘 해달라는 요구사항이 없었다. 그러나 둘째는 엄마인 나에게 쭉 자라서 그 나이에 맞게 마냥 이기적이었다. 중2병이라는 말이 있듯이 메이커만 찾았고, 어떻게든 엄마를 설득해서 목적을 달성하고야 마는 성격이었다. 엄마의 주머니 사정은 절대로 상관

하지 않았다. 난 큰애한테 전혀 돈이 안 들어간 대신 둘째에게 두 배의 돈을 들여야 했다. 그게 결코 아깝지는 않았다. 다 성향이 다른 만큼 자라는 스타일도 다르다는 걸 이해해야 했다.

나 역시도 초등학교 때 소풍가서 사진을 찍고, 사진 인화 값을 엄마에게 달라고 졸랐다. 2,700원이 그때는 꽤 큰돈이었다. 엄마는 사진을 포기하라고 하며, 왜 사진을 찍어서 돈을 달라고 하냐고 화를 냈다. 난 끝까지 오기를 부리고 돈을 달라고 했다. 심지어 중학교 때 걸스카우트에 들어가 단복을 사달라고 또 졸랐다. 엄마는 무조건 그냥 해주는 법이 없었다. 고등학교도 엄마는 시골에서 상고를 다니라고 했으나 난 기어코 엄마의 반대를 이기고 광주 도시로 나와 학교를 다녔다. 그러고 보니 둘째가 나를 닮았다.

나의 어린 시절은 아주 보수적인 유교 사상이 짙은 집안에서 자랐다. 장손인 아버지는 한 달에 한 번 제사를 지내야 했고, 항상 예의 바르게 인사 잘하고 순종하는 사람이 되어야 한다는 교육을 받고 자랐다.

한번은 이런 일이 있었다. 초등학교 시절 한참 휘파람을 연습하던 난 아버지께서 제사상을 차리는 일에 항상 아버지 옆에서 일손을 도왔다. 잘 도와주다가 나도 모르게 입에서 휘파람이 나와버렸다. 아무 생각 없이 나와버린 휘파람에 아버지에게 뺨을 맞아야 했다. 경건한 제사상 차리는데 휘파람을 분다는 건 불경한 일이고, 부정을 타는 일이었다. 그때는 몰랐다. 그깟 휘파람 한번 불었다고 막내딸 뺨을 때려야 했는지 이해가 안 됐다.

난 바로 뛰쳐나와 옥상에 올라가 담벼락에 걸터앉아 숨죽여 울었다. 아버지는 막내라고 나를 예뻐했다. 그런 줄 알았다. 그런데 뺨을 맞고 난 뒤 '아빠는 날 예뻐하지 않는구나! 날 하찮게 여기는구나! 딸보다 그깟 제사상이 더 중요하구나!' 이런 생각이 들었다. 너무 서럽고 억울하고 배신감이 들어 한없이 울었다. 이젠 아버지까지 나를 버렸구나 싶은 마음에 더이상 부모님에 대해 존경심이 아닌 원망만 들었다. 그 뒤로 반항심이 생겼다.

여자인 나도 부모에게 반항심이 생기는데 남자애들은 사춘기 때 얼마나 반항심이 생겼을지…. 난 내가 바빠서 우리 애들의 반항심을 받아줄 시간도 여유도 없었다. 딱 한 번 큰애한테 반항의 태도를 경험한 바가 있다. 하도 잔소리를 했더니 갑자기 소리를 지르며 "제발 욕 좀 하지 마세요!" 한다. 난 너무 당황스러웠지만 받아들였다. 그 정도는 참을 수 있었다. 사춘기인데 그 정도는 약과라고 생각했다. 그나마 엄마의 소홀했던 양육에 비하면 감지덕지 했다.

아들도 뭔가 생각은 있었나 보다. 한 번도 나에게 말이 없던 아이였다. 딸 아이들과 달리 아들들은 말이 없다. 소통이 될 수가 없다. 더군다나 엄마의 관심도 없는 애들은 더 그렇다. 난 아이들은 속으로 예뻐해야 된다는 생각에 칭찬도 사랑의 스킨십도 전혀 없었다. 어색하고 쑥스럽고 실천이 되지 않았다.

남자애들은 아빠를 보고 자란다. 아빠가 형편없으니 애들은 두말할 나위가 없다. 그런 부모에 비해 아이들은 그나마 다행이다. 반항도 사춘기의 이상한 행동도 심하지 않았다. 내가 모르고 있는지도 모른다. 아무튼 너무 고마운 아이들이다.

남자아이 육아는 이것이 다르다

남자아이들은 여자아이들과 다르다. 남자아이들은 조상 대대로 유전되어 온 사상과 관념이 있다. 내가 교육하지 않아도 자연스럽게 스며들듯이 생기는 관습이랄까? 과묵해야 하고 울면 안 되고 참아야 하는 유전적인 습관이 있다. 난 남자아이라고 그렇게 키우고 싶지 않았다. 자존심이 중요한 게 아니라 자존감이 더 중요하다는 걸 뒤늦게 깨달았다. 나의 자존감이 밑바닥일 때는 아이에게도 그대로 전달되었다. 큰애는 유치원 때부터 선생님께 의심을 받고 중학교 때도 그랬다. 명절에 할머니께 받은 만 원으로 먹을 것을 사 먹었는데 반 아이가 만 원을 잃어버렸다고 하면서 우리 애를 의심했다는 것이다. 그리고 반 전체 애들이 우리 애를 왕따를 시켰다는 것이다. 그걸 20살이 다 되어 엄마와 대화가 될 때 얘기를 해주었다. 어린 나이에 혼자 그런 수

모를 당해도 말을 하지 않았던 것이다. 너무 억울했는데 참았다고 했다. 그런 면에서는 나와 달랐다. 난 어려서 의심받으면 기어코 가서 따졌다. 어른에게라도. 그런데 아들은 꾹 참았다고 한다. 나중에 알고 나니 마음이 아팠다. 엄마가 관심이 없으니 그런 억울한 일이 있어도 혼자 다 감당했던 것이다.

남자아이들은 많이 놀아주어야 한다. 활동적이기 때문에 같이 놀아주고 뛰어주어야 한다. 난 다행히 남자아이 둘이어서 둘이 씨름을 자주 시켰다. 엄마가 심판을 보고 둘이 시합을 붙였다. 큰애는 둘째가 쉬운 상대이지만 쉽게 넘어뜨리지 않고 둘째에게 충분히 기회를 주었다. 엄마가 응원을 열심히 하자 신이 나서 둘째는 안간힘을 쓴다. 큰애는 넘어뜨릴까 말까 하면서 가지고 논다. 난 너무 웃겨서 배꼽을 잡고 웃는다. 큰애는 웃어주는 엄마에게 더 보답이라도 하듯이 쇼를 했다. 마냥 즐거웠다. 그런 시절이 좀 더 많았으면 얼마나 좋았을까 싶은 마음이다. 한참 엄마의 관심이 필요한 시기에 그나마 그런 일도 있었다는 게 다행이다.

사춘기에 한창 2차 성장이 진행될 때 남자아이다 보니 자위 행위를 왜 안 하겠는가? 어느 날 외출을 하고 돌아온 나에게 둘째가 말했다.

"엄마 형이 이상한 거 하고 있어."

두 살 터울이라 아직 둘째는 이해가 안 가는 시기였는지 묘한 표정을 지으며 말을 했다. 큰애는 안방에서 급하게 나와 애써 웃었지만 얼굴은 이미 하얗게 질려 있었다. 난 차분히 말을 했다.

"응. 괜찮아! 총명아! 형은 이상한 게 아니야. 당연히 해도 되는 거야. 많이 해라, 명철아! 휴지는 아끼지 말고 티슈로 해라!"

난 아무 일 아니라는 걸 심어주었다. 자연스러운 것이란 걸 알게 해줘야 아이도 건강한 성을 인식하고 성인이 되어도 건강하게 성생활을 할 것이라고 생각했다. 과거에 억압받고 자란 남자들이 가끔 변태 짓을 하는 걸 볼 수 있다. 구성애 선생님의 성교육을 통해 많이 알게 되어 너무 감사하다는 생각이 든다.

둘째는 크면서 형보다 더 맹랑했다. 중학교 때 여자애들에게 인기가 좀 있었던 모양이다. 항상 여자친구가 있었다. 그런데 가끔 헤어지고 없던 때는 나에게 구원의 손길을 뻗었다.

"엄마, 나 지금 여자친구 없는데 혹시 엄마 친구 중에 딸 있으면 소개 좀 시켜줘요."

난 속으로 너무 웃기기도 하고, '참 맹랑한 자식이네.' 하고 생각하기도 했다. 그러면서도 안도의 한숨을 쉬었다. 다른 건 전혀 말 안 하면서 엄마에게 여자친구를 소개해 달라고 하는 것이 농담인 줄 알면서도 웃음이 나왔다. 그런 고민을 얘기하다니.

난 내가 생리를 할 때는 애들을 불러 교육을 한다.

"여자들은 사춘기가 되면 이렇게 한 달에 한 번 하혈을 한단다. 아이를 낳기 위한 준비 과정이지. 엄마도 이런 과정이 있었기 때문에 아빠랑 만나 너희를 낳을 수 있었단다. 이건 아주 숭고한 여자들의 생리 현상이란다. 생리 때는 통증으로 인해 많이 힘들고 우울해질 수도 있으니 항상 조심해줘야 한단다. 너희 또래 여자친구들도 이런 경험을 할 텐데 함부로 치마를 걷어 올리거나 때리거나 장난을 해서는 안 된다. 항상 소중하게 대해야 하고 조심해줘야 해."

이건 엄마가 아니면 실제 상황을 보여주며 산 교육을 해줄 수가 없을 것이다. 아이들은 진지하게 가르치는 엄마의 말에 알았다고 했다. 비록 부족한 엄마이지만 마땅히 교육해줘야 할 건 해주고 넘어가야 한다고 생각했다.

큰애는 여자친구가 고등학교 때 딱 한 번 있었다. 그것도 일주일간 사귀다 헤어졌다. 그런데 둘째는 여자친구가 계속 따랐다.

한번은 나한테 문자가 왔다. 고등학교 때 일이다. 여자친구랑 집에서 TV로 영화를 볼 건데 좀 밖에서 기다려 달라는 것이다. 난 이런 맹랑한 놈을 봤나 하며 뭐라고 한마디 하려다 꾹 참았다. "알았다." 하고 답장을 보냈다. 그래도 밖에서 놀지 않고 집에서 논다는데 그나마 다행이라 생각하고 퇴근 후 차 안에서 기다렸다. 한참을 기다리니 문자가 왔다. 여자친구가 갔다고 들어오라는 것이다. 난 애써 웃으며 "재밌게 놀았니?" 하고 물었다. 애는 약간 수줍어하며 잘 놀았다고 했다.

그다음에도 몇 차례 그랬다. 한번은 인사까지 시켜줬다. 여자애가 좋아해서 졸졸 따라다닌다고 했다. 난 걱정이 되어 여자친구 엄마도 이 사실을 아느냐고 물었다. 그랬더니 여자애 집에도 가서 인사하고 놀다가 오기도 했다고 한다. 난 이런 아들에게 성교육을 하지 않을 수 없었다.

"아들아! 여자친구랑 사귀는 건 좋은데 조심해야 할 부분이 있단다. 넌 아직 학생인데 만약에 책임지기 힘든 일이 생기면 많이 힘들어지고 곤란해진단다. 넌 남자애라 괜찮지만 여자친구는 어린 나이에 씻을 수 없는 상처가 될 수도 있단다. 무슨 말인지 알겠니?"

"응. 엄마, 나도 조심하지요. 절대 무슨 일은 일어나지 않게 할 거예요. 그냥 앉아서 영화만 봐요."

난 알아먹게 단단히 교육을 시키고는 한마디 덧붙였다.

"난 우리 아들을 믿는다."

아들도 역시 "걱정 마세요." 한다. 한창 때 여자친구가 생길 나이고 사귈 수 있는데 그런 아들을 마냥 조심스러워 막을 수는 없다고 생각했다. 차라리 믿어주고 만약의 상황에 대처하는 마음의 준비를 단단히 하는 게 더 낫다고 생각했다. 운명으로 받아들이려는 마음 말이다. 난 그랬다.

고등학생 때인 우리 큰오빠를 보고 많이 깨달았다. 엄마는 고등학생인 큰오빠가 담배를 피운다는 걸 알고, 오빠를 마구 주먹으로 머리를 쥐어박고 등짝을 때렸다. 아주 그냥 오빠가 무슨 몹쓸 짓이라도 한 것처럼 혼을 내며 잡았다. 엄마는 아버지가 술, 담배로 아프셔서 고생한 것을 보고 아마도 오빠가 담배 피우는 것을 용납 못 했을 것이다. 그러나 그렇게 오빠를 제압하고 혼을 낸다고 교육이 되지 않았다. 큰오빠는 현재 나이가 55세인데도 술, 담배를 얼마나 좋아하는지 모른다. 가끔 큰오빠에게 술을 선물하면 최고로 좋아한다. 교육은 그렇게 억압하고 강제적으로 막는다고 해서 고쳐지는 게 아니었다.

난 우리 둘째를 임신했을 때 많이 사랑받는 아이로 자라기를 기도했다. 그래서 그런지 아이는 사람들에게 인기가 좋았다. 그런 만큼 사춘기 때에 여자친구도 많은 것이 당연했다. 난 그런 아들을 긍정적으로 생각하고 많이 사귀어보라고 했다.

그렇게 사귀더니 언제부터인지 이제 여자친구 안 사귀기로 했다고 한다. 그렇게 좋아하던 여자친구도 헤어졌다고 했다. 난 웬일로 헤어졌냐고 하자 정신 차리고 공부하려고 헤어졌다고 했다. 난 너무 감사했다. 아이를 믿어준 보람이 있었다. 스스로 사귀어보고 스스로 헤어지고 마음을 다잡은 것이다. 청년이라는 중요한 시기에 해야만 하는 일이 있음을 깨닫고, 방해가 된다고 판단되면 여자친구와 헤어질 줄도 아는 아들이 너무 대견스러웠다.. 이건 아들을 믿어주는 엄마가 많은 영향을 미치지 않았을까 싶은 생각이 든다. 아이도 자기 성의 성주이니만큼 스스로 결정할 수 있는 힘을 길러줘야 한다고 생각했다.

남자아이 육아의 가장 중요한 부분은 이성 친구와의 지켜줘야 할 부분과 사춘기 여자애들에게 조심해줘야 할 부분을 가르치는 것. 이것이 미래의 성인이 되었을 때도 여자를 존중해줄 줄 아는 멋지고 매너 있는 남자로 살아가기 위한 밑거름이 된다고 생각한다.

부모는 아이를 잘 모른다

부모들은 아이들을 다 잘 알고 있다고 착각한다. 자기 뱃속에서 나왔고 자기의 소유물이라고 생각해서인지 그냥 아이의 모든 것을 알고 있다고 생각한다. 아이가 뭘 숨겨도 다 손바닥 안에 있다고 생각한다. 어느 정도 어릴 때는 그럴 수도 있다. 그러나 그건 큰 오산이다. 난 아이들을 키우면서 놀랄 때가 참 많았다.

우리 둘째는 큰애와 달리 돈에 애착이 강했다. 명절이 되면 할아버지 할머니한테 받은 세뱃돈을 항상 아빠 엄마에게 맡기곤 했다. 한 해 두 해 서슴없이 달라는 대로 잘 주었다. 그런데 5살쯤이었을까. 세배를 마치고 성묘를 가는 도중에 큰애한테 순순히 돈을 받아 챙기고 둘째한테 돈을 달라고 했다.

그런데 둘째는 돈이 없다고 했다. 난 호주머니를 다 뒤져보았다. 돈이 없었다. 이런!

'정말 잃어버렸을까?' 하는 찰나에 아들은 아래 부위를 긁고 있었다. 다리를 꼬며 이상한 행동을 했다. 난 좀 수상하다는 생각이 들어 아들 바지를 벗기며 어디가 가렵냐고 물었다. 그러자 이게 웬일인가 아들은 팬티 속에 돈을 숨겨 두었던 것이다. 그 돈이 거시기를 가렵게 자극해서 아이의 행동이 이상했던 것이다. 난 기가 막히면서 웃음이 나왔다. 너무 놀랍기도 했다. 어떻게 어린애가 돈을 안 뺏기려고 이런 생각을 했을까! 하마터면 이번 세뱃돈은 못 뺏을 뻔했다.

둘째가 그렇게까지 돈에 애착이 심한지 몰랐다. 아이의 이런 마음을 알고 다음부터는 아이에게 돈을 뺏는 것도 고려해봐야겠다는 생각이 들었다. 아직 어려서 돈을 관리할 능력이 없다고 생각해서 달라고 한 것인데 자기 딴에는 자기가 받은 돈을 뺏기기 싫었던 모양이다. 내가 낳은 아이지만 이럴 때는 정말 내 아이가 맞나 싶을 정도이다.

큰애는 고등학교를 직업 군인으로 가는 과를 선택해서 지원했다. 전문 하사로 갈 수 있는 길이다. 큰애는 엄마의 질풍노도의 시기에 태어났고, 할머니에게서 자랐고, 또한 엄마의 많은 부재로 불안한 정서가 심했다. 자존감은 최하에다 틱 장애까지 있었다. 불안한 마음을 오로지 게임으로 달랬고, 친구도 없어 온라인 게임에서만 친구를 만나고 시간을 때우는 식의 생활을 하던 애가 되어버렸다.

그런 애가 중학교 담임 선생님의 진로 결정으로 그나마 직업 군인의 길로 가는 학교와 과를 선택해주었다. 참 잘 되었다고 생각했다. 그리하여 19세에 군 입대를 하게 되었다. 입대하는 날 난 아이와 학교에서 헤어졌다. 논산 훈련소까지 따라가지 않았다. 강인한 정신력을 가지게 하려고 일부러 따라가지 않았다. 대신 동생과 아빠만 따라갔다. 아들은 서운했는지 몰라도 난 아이를 강하게 키워야 한다는 생각에 울지도 않고 웃음을 보이며 "잘하고 와라." 한마디 하고 보냈다.

그 뒤로 걱정이 되어 가끔 전화를 하면 아들은 생전 하지도 않던 "엄마, 사랑해."라는 말을 했다. 나는 어색했으나 나도 "응. 엄마도 명철이 사랑해." 라고 했다. 군대 가더니 애가 엄마의 소중함을 알았는지 엄마가 보고 싶은 건지 처음으로 사랑한다는 말을 들었다. 눈물이 났다.

휴가 때 아들을 보니 너무 반가웠다. 살은 더 찌고, 집에 와서는 여전히 게임만 하지만 그래도 잘 버텨주고 있는 것이 참 대견했다. 난 며칠이나 버틸까 걱정했던 것이었다.

2년의 과정을 다 거치고 결정의 시간이 왔다. 전문 하사로 남을 것인가, 그냥 전역을 할 것인가. 난 고민하는 아들에게 최대한 전문 하사를 지원하라는 식으로 말을 했다. 그런데 상담하는 중대장님이 우리 애한테 "넌 전문 하사 감이 아니다. 전역해라. 만약에 하고 싶다면 뭔가 믿음이 가는 일을 해서 보여주라."라고 했다는 것이다. 난 은근히 군대에서 조금 더 훈련 받고 사람이 되어서 나오기를 원했다. 그런데 웬걸 집에서 안 고쳐진 것이 군대에서도 그 모양인 것이었다. 아들이 심각하게 다시 물었다.

"엄마, 나 어떻게 해요? 중대장님은 그냥 전역하라고 하는데."

난 남아 있기를 원했지만, 할 수 없이 아이에게 물었다.

"넌 어때? 나오고 싶니?"
"당연히 나가고 싶죠."

그런 애한테 끝까지 남으라고 할 수가 없었다. 그랬다가는 큰일이 날 것 같았다. 그래서 "네가 하고 싶은 대로 해라."라고 했다. 아들은 뒤를 이었다.

"엄마, 나 집에 가면 또 게임만 하고 천덕꾸러기 될 텐데, 나가도 돼요?"

난 아이의 절절함이 느껴졌다. 자기는 쓸모없는 놈이라는 생각이 밑바닥에 깔려 있었다. 난 철렁 내려앉았다. 아이의 잘못은 없는데 아이는 자기가 그런 존재가 되어버렸다는 걸 알았다. 난 너무나도 중요한 한마디를 해야 했다. 아이의 모든 것이 걸려 있다는 생각이 들었다.

순간 난 '신중하자.' 하며 속으로 진정을 하고, 아이가 군대에서 마지못해 하루하루를 살아가게 하는 것이 맞는지, 아이가 원하는 대로 나와서 행복하게 살아가게 하는 것이 맞는지 고민했다. 내 욕심만으로는 모든 것이 순조롭게 잘 되어가지 않을 수도 있겠구나! 라는 생각이 들었다. 그래서 이렇게 말했다.

"우리 아들이 무슨 천덕꾸러기야. 아니야. 엄마는 명철이가 집에 와서 게임만 하고 아무것도 안 해도 괜찮아! 너의 존재 자체가 소중해. 가만히 앉아서 똥만 싸도 엄마에게는 너무 소중하단다. 얼른 전역해서 보자."

아들은 의외의 말을 들어서 감동을 했는지 울먹이며 말했다. "정말이야? 엄마, 정말? 야!! 신난다!" 하며 감탄의 외마디를 외치는 것이었다.

"알겠어요, 고마워요."

난 하마터면 아들을 잃을 수도 있겠다는 생각을 했다. 아이는 21년을 살면서 엄마의 단 한마디가 필요했던 것이다.

'넌 소중해. 너의 존재 자체로 소중해.'

이 말 말이다. 21년간 한 번도 그런 말을 하지 않았다. 무언의 말로 아빠를 닮은 큰애를 무시하고, 미워했던 것이다. 아들은 그 모든 엄마의 만행을 알고 있었다. 아들을 무언의 칼로 베었던 것이다. 무관심과 미움, 무시…….

아들은 드디어 전역을 하였다. 떨리는 마음으로 아들을 맞이했다. 그런데 아들은 휴가 때 보았던 아들이 아니었다. 두 달 만에 얼마나 운동을 했는지 15kg가 빠져 아주 보기 좋은 모습으로 온 것이다.

너무 놀라웠다. 쓰레기처럼 본인을 버리고 살았던 아이가 소중하단 말 한마디에 자신의 몸을 가꾸어온 것이다. 군대에서도 자기계발 능력상을 받았다고 한다. 와! 정말 놀라웠다. 뚱뚱한 아들만 보다가 홀쭉해진 아들을 보니 대단하단 생각이 들었다. '우리 아이도 하면 하는구나! 칭찬과 격려 자존감을 심어주면 뭐든 할 수 있구나!' 하는 생각이 또 한 번 들었다. 어려서부터 잘 키울 걸! 이렇게 괜찮은 아이였는데 왜 자꾸 포기하게 만드는 언행으로 아이를 한없이 땅 속으로 들어가게 만들었을까?

'미안하다, 아들아! 이 부족한 엄마를 용서해다오! 너처럼 착하고 영리한 아이를 그냥 썩혔구나! 이제라도 너의 무한한 도전 정신과 끈기를 인정하마! 마음껏 펼쳐서 꿈을 이루길 바란다.'

아이가 전역하고 난 은근히 긴장했다. 똥만 싸도 소중하다고 말을 했기 때문에 게임만 하는 아들을 보고 어떤 반응을 해야 할지 고민이 되었다. 올라오는 감정을 어떻게 잘 다스릴 것인가! 그러나 나의 이런 고민을 아이는 철저히 무너뜨렸다. 전역한 지 3일이 채 되지도 않아 친한 친구 아버지의 일을 도와주기로 한 모양이다. 또다시 트렁크에 옷가지와 세면도구를 챙기며 하는 말이 이랬다.

"엄마, 왠지 나 다시 군 입대 하는 기분이에요."

난 한바탕 웃음이 나왔다. 내가 봐도 너무 대단했다. 일주일도 아니고 한 달도 아니고 전역한 지 3일 만에 아르바이트를 위해 친구 집으로 가다니. 내 아이 맞아? 우리 집 큰애가 맞나? 혼자 되뇌며 대견스러워 할 말을 잃어버렸다. 내가 알지 못한 사이 아이는 자신의 성에 성주가 되어 있었던 것이다.

육아는 정말 답이 없는 것일까요?

내가 낳은 아이지만 나도 모르는 아이의 모습들. 엄마는 진정 아이를 얼마큼 알고 있는 것일까? 내 아이를 나의 자식이라고만 보지 말고, 나의 아버지 나의 부처 나의 조상으로 보라는 말이 있다. 정말 맞다. 아이를 보면서 많이 배우고 많이 반성하고 고치게 된다. 때론 아이의 눈치를 봐야 할 때도 있다. 그러니 엄마라고 해서 아이를 자기 마음대로 키우는 건 정답이 아니다. 육아는 그럼 어떻게 해야 맞는 것일까?

아이는 미래의 희망이라고 어른들은 말을 한다. 그렇다고 모든 아이를 천편일률적으로 키울 수도 없지 않은가? 맞다. 그건 불가능하다. 이 세상에는 수많은 종류의 직업과 일들이 있다. 과연 미래의 희망인 아이들이 그런 일들을 이어가야 할 터인데 어떻게 키우면 그런 일들을 잘 할 수 있을까? 그런 과정에서 뭐가 가장 중요할까? 고민하지 않을 수 없다. 수많은 대학생들이 졸업 후 취업을 못 하고 놀고 있고 방황하고 있으며 이 나라를 지옥이라고 지탄하며 한숨만 쉬고 있다. 이 사회를 당장 바꿀 수 없다면 아이들을 잘 키우는 수밖에 없지 않은가.

이 땅에 모든 부모들은 결혼하여 아이를 낳아 잘 양육하고 싶어 한다. 그러나 딱히 길잡이가 될 만한 그런 레시피는 없다. 그저 이미 뱃속에 태아 때부터 양육은 시작되었으나, 그 중요성을 모르고 지나치는 시간들이 더 많다. 열 달 내내 아이만을 위해 태교를 할 수도 없다. 시대가 갈수록 태교의 중요성은 인식되고 있지만 결코 정답을 알고 하는 사람은 없다. 나 역시도 임신 열 달 동안 한 것은 기도밖에 없었다. 착하고 건강한 아기로 태어나게 해달라고, 사람들에게 사랑받는 아이로 자라게 해 달라고, 그게 다인 것 같다.

결국 아이들은 부모의 유전자를 이어받게 되고, 부모의 그림자를 보고 자라게 된다. 굳이 부모가 이래라저래라 할 필요가 없다는 것이다. 잔소리만 될 뿐이다. 예를 들어 학교 선생님의 부모에게서 태어난 아이들은 부모의 모습과 느낌이 자라는 내내 선생님의 그림자를 보며, 무의 적으로 배우게 되어 자신도 선생님의 직업을 가지는 경우가 많다. 의사의 부모 아래서 태어난 아이들은 역시나 자기도 의사의 길을 가는 경우가 많듯이….

우리 큰오빠를 예를 들어보자. 우리 부모는 농부의 직업을 가지신 분이었다. 부모님은 너무 고생만 하여 오빠가 법대에 들어가서 판검사가 되기를 원했다. 그래서 큰오빠는 전남대학교 법대를 합격하여 다녔다. 그러나 결국 오빠는 판검사가 아닌 노동자, 서민을 위한 민주화를 외치는 일을 하고 있다. 서민을 위한 정치를 하고자 대학 시절부터 데모와 교도소를 번갈아 가면서 운동권 학생이 되어 지금까지 평생 그런 일을 하고 있다. 졸업한 지 30년이 지났지만 여전히 서민 정치 노조 활동, 농민을 위한 활동을 하고 있다. 농부의 아들로서 서민을 위한 정치를 하고 있는 것이다. 다 그렇지는 않지만 대부분 부모의 영향을 많이 받는다는 것이다.

나 역시도 어려서는 꿈이 가수, 선생님, 외교관, 아나운서였지만 지금은 간호조무사이지 않은가? 나의 어린 시절 약한 건강과 부모님의 병으로 돌아가신 영향으로 난 건강, 의료 쪽에 관심이 많아지게 되었기 때문이다.

그렇다면 모두가 다 가수, 모두가 다 외교관이 될 수 없듯이 수만 가지 직종과 일을 누군가는 하여야 이 세상이 돌아간다. 어떤 직업이 정답이고 어떤 일이 옳다 그르다 할 수가 없다. 그러니 내 아이는 나를 닮은 아이로 자연스럽게 커가도록 부모로서 잘 살아가면 되는 것이다.

아이에게는 격려와 칭찬, 사랑과 관심이면 충분하다. 저절로 부모가 살아가는 걸 보고 스스로 자기의 성안의 성주로서 삶을 살아간다. 부모의 욕심과 이루지 못한 꿈을 아이에게 강요하는 일은 없어야 할 것이다. 대부분 대기업의 자녀들이 아버지의 과업을 이어가는 경우는 드물다. 자수성가한 아버지는 혼자 만족해야 한다. 아이에게 똑같이 하라는 건 너무 가혹하다.

자녀가 원하는 대로 하기를 응원하고 격려하는 게 맞다. 억지로 이어갈 경우 비극으로 끝나는 경우가 훨씬 많기 때문이다. 결국 내 아이는 내가 낳았을 뿐 내 소유물은 아니기 때문이다. 또한 부모는 자녀의 결혼 상대를 결정하는 데 있어서도 너무 많이 관여를 해서는 안 된다. 부모가 원하는 상대가 꼭 아이에게 맞는다고 할 수는 없기 때문이다.

아이로서 충분히 존중해주고 혹 틀렸다 할지라도 가만히 지켜봐주고 스스로 깨달을 때까지 기다려주는 것이 훨씬 아이에게 좋은 기회를 주는 것이다. 난 솔직히 내 욕심으론 우리 아이들이 모든 면에서 우월하게 잘하기를 원했다. 공부도 알아서 척척 잘하고 야무지고 똑똑하고 건강하기를 원했다. 그러나 난 받아들여야 했다. 그저 잘 놀고 건강하기만 한 아이들을…. 학교는 점심 먹으러 가는 걸로 만족해야만 했다. 건강하기만 하면 된다고 다독이며 위안을 삼았다. 우리 부모님이 병환으로 일찍 돌아가신 일을 경험한 나로서는 건강이 최고인 것이 맞다. 아이가 스트레스 받을까 봐 절대로 공부하라는 식의 잔소리는 하지 않았다. 그냥 한두 마디 했나 싶다. 기억도 안 날 정도

다. 착하고 건강하게만 자라면 된다는 생각이었다. 그 외에는 나의 욕심이었기 때문이다.

난 초등학교, 중학교 때까지만 해도 반장, 부반장, 전교 부회장을 할 정도로 똑똑하고 야무졌다. 예체능도 잘해서 도대회에 안 빠지고 나간 주인공이었다. 물론 인기도 많았다. 그러나 남편은 고등학교도 떨어져 후기고를 들어갔고, 대학도 떨어져 후기대를 갈 정도로 조금 부족한 부분이 많은 사람이었다. 직설적으로 표현하자면 약간 2% 부족한 사람이었다. 내가 원했던 기도 제목의 남자였다. 원망할 수도 없고 받아들여야 했다. 그런 아빠를 닮은 아이들에게 잘하라고 다그칠 수가 없었다. 인정하고 받아들여야 했다. 그게 답이었다.

건강하기만 하면 된다고 생각했더니 둘째는 초등학교 3학년 때부터 태권도를 배워 지금은 태권도 3단이다. 근육질의 남자가 되었다. 큰애는 같이 태권도를 시작했으나 관장의 강한 훈육에 못 이겨 중도에 포기하고 대신 스스로 운동해서 몸무게를 15킬로나 뺄 정도로 자기 관리를 철저히 잘한다. 난 그것만으로도 대만족이다. 별 볼 일 없는 평범한 엄마와 아빠의 가정에서 태어나 그 정도면 아주 훌륭하다. 더 바라면 욕심이다.

둘째는 나를 닮아 야무진 구석이 있어서 19세에 운전면허를 취득하여 회사를 자가용으로 출퇴근한다. 처음에는 내가 차를 구해줬으나 1년 뒤에 바로 자기가 모은 적금을 깨서 자기가 원한 차를 구입해서 운전을 한다. 너무 대견스럽다. 내가 그 나이 때는 상상도 못할 일을 한 것이다.

물론 운전면허증 시험에 세 번이나 떨어지고 4번째 합격을 한 것과 두 번의 경미한 교통사고를 낸 적은 있다. 난 혼내지 않았다. 무한 긍정의 마음으로 충분히 그럴 수 있다는 것을 인지시키고 격려와 위로를 아끼지 않았다. 훌륭하게 사고 처리를 마무리하고, 스스로 앞으로는 조심할 것을 다짐하게 했다. 사회 적응하는 시기에 그 정도의 실수는 아주 미비했기 때문이다. 그 정도의 사고는 앞으로의 운전 생활에 있어 아주 소중한 밑거름이 될 것이기 때문이다.

둘째는 공고를 나와서 고2 때부터 회사를 다녔다. 미리 사회 적응하는 기간으로 일주일에 세 번 회사를 나가고, 두 번은 학교 공부를 하는 식의 도제 수업을 한 것이다. 고2 때부터 35만 원의 급여를 받고 다녔으며 졸업 후 바로, 다니던 회사에 취업하여 돈도 벌고 주말에는 학교도 갔다. 직장과 학교를 같이 다니는 기회를 가지게 되었다. 착실히 1년간 100만 원씩 적금하여 자기 스스로 차를 구입할 것을 계획했다는 것이다. 얼마나 대단한 생각인지 난 속으로 놀라지 않을 수 없었다. 마냥 어리광 부리는 아이인 줄 알았는데 아니었다.

난 누누이 아이들에게 빨리 독립하라고 말했다. 일찍 사회생활을 경험하게 하고 싶었다. 공부는 사회생활 하면서 필요성을 느끼면 얼마든지 할 수 있다고 생각했다. 고3 때 대학을 고민하는 아이에게 화끈하게 대답했다. "엄마는 네가 대학을 진학하기 위해 학교에서 죽어라 공부하는 것이 마음 아파!"라고. 스트레스 받고 공부하는 아이를 생각하면 마음이 너무 아팠다. 차라리 공고를 들어가서 마음껏 논 뒤 사회에 진출하여, 뭐가 중요하고 뭐가 필요한지 사회의 쓴맛과 단맛을 느껴보고 스스로 먼저 깨닫기를 원했다.

내가 이런 생각을 하게 된 계기가 있었. 아이들이 초등학교 1, 2학년 때의 일이었다. 한참 게임에 빠져 PC방을 자주 가던 시절 엄마가 PC방 가는 걸 좋아하지 않는다는 걸 알고, 자기들이 스스로 PC방에 갈 돈을 마련하기 위해 돈을 벌었던 것이다.

어느 날 집에 와보니 8살인 둘째가 "아이고, 어깨야." 하며 어깨를 두들기는 것이었다. 난 기가 막히면서 웃음이 나왔다. "야, 이 녀석아 네가 무슨 일을 했다고 어깨가 아파?" 하고 묻자 아들 왈, "PC방 가려고 하루 종일 병을 주워 팔았어요." 돈을 벌기 위해 빈 병을 주우러 다녔다는 것이다. 병 하나에 50원인가 하는데 그걸 온종일 모아서 슈퍼에 갖다 팔았다는 것이다. 비닐봉지에 동네를 돌아다니며 병을 모아서 들고 다녔으니 어깨가 아플 만도 했다. 나는 기가 막혔다. 그때 알았다. 아이들은 충분히 이른 나이에 독립을 시켜도 되겠구나 하고 말이다. 그 어린 나이에 엄마에게 돈 달라 하면 PC방 가는 걸 들키게 되고, 어차피 못 받을 거라는 생각에 스스로 돈을 벌기 위해 그런 짓을 했다니 정말 웃지 않을 수가 없었다.

제2장

완벽한 육아레시피는 없다

완벽한 육아 레시피는 없다

맞다. 완벽한 육아 레시피는 없다. 직장 생활을 하다 보면 집에서 요리를 하는 일이 흔하지 않다. 그러다 보니 가끔 뭔가를 하려 하면 꼭 유튜브를 참고하여 요리를 한다. 한 가지 요리를 검색하는데도 수십 개의 레시피가 있다. 다 볼 수도 없고 해서 서너 개의 영상을 보고 내 스타일에 맞는 것을 선택하여 요리를 한다. 처음 해보는 요리이기 때문에 당연히 서툴고 어렵다. 처음에는 실패도 한다. 그리고 몇 번 하다 보면 익숙해져서 잘하게 된다.

이렇듯 결혼해서 아이를 낳아 처음으로 양육이란 숙제를 하게 되는데 훌륭한 레시피가 있다 한들 얼마나 완벽하게 잘할 수 있겠는가. 당연히 어렵다. 특히 한국의 부모와 아이들은 더욱 힘들어한다. 너무 잘 키워보려는 욕심이 크기 때문에 그리고 다른 아이와 비교하며 부모의 자존심을 아이의 성장 과정에서 세워보려고 한다. 이런 부모 밑에서 아이들은 또 얼마나 많은 스트레스를 받는지 모른다.

그리하여 아이를 학교에 보내고, 학부모들은 다른 엄마들의 양육 방법을 궁금해한다. 열심히 하루 종일 듣고 와서 과연 내 아이에게 그대로 적용을 하는가? 결코 그렇게 되지 않는다. 이미 아이는 태아 때부터 자기 부모의 모든 것을 알고 태어난다. 부모의 아이로 태어나지만 원래는 부처이고, 아버지이고, 조상일 수 있기 때문이다. 잔소리하고 가르치려 할 필요가 없다. 이미 알고 있는 아이다. 그러나 부모는 하나하나 가르치려 한다. 이미 천재인데. 거기에 좀 크면 이거 하지 마라, 저거 하지 마라 하며 천재의 기질을 갉아먹는 짓을 한다.

우리 아이는 내 욕심만큼 잘 해주지 않았다. 욕심은 욕심이었다. 엄마와 아빠의 모습이 있는데 뭘 더 바라는가? 그저 바라보며 뭘 제일 좋아하는지 뭘 제일 열심히 하는지 지켜보는 것이 최선인 엄마였다.

우리 아이는 단연코 게임을 좋아했다. 큰애는 태어난 지 1년이 되자 할머니가 데리고 가서 키웠다. 할아버지를 쏙 빼닮아 왔다. 눈뜨면 TV에, 라면에, 사탕에, 하는 짓도 할아버지 같았다. 좀 크더니 게임에 완전 빠져서 사는 것이다. 아이가 저렇게 중독이 될 정도라면 하지 말라고 하는 건 서로에게 스트레스겠구나 생각이 들었다. 차라리 PC방에 담배 냄새 나는 곳에서 하는 것보다 이왕 할 거면 집에서 하는 것이 더 나을 것 같았다. 그래서 노트북을 사주면서 열심히 게임을 하라고 했다. "엄마는 네가 PC방에서 게임을 하면 건강에 안 좋으니까 집에서 하기를 바란다."라고 하면서 말이다. 그리고 한마디 덧붙였다.

"아들아, 게임이 그렇게 재밌니? 그렇게 게임을 좋아하면 잠자지 말고 밤을 새서 해라."

그리고 열심히 해서 꼭 프로 게이머가 되라고 응원을 했다. "엄마는 네가 좋아하는 게임을 하면서 행복해 하면 나도 행복하단다."라고 했다.

큰애는 집에 있는 동안엔 게임을 한다. 말을 해도 못 알아먹고 엉뚱한 대답을 할 때는 가끔 화가 나기도 했다. 그러나 이것도 한때이겠지 생각하며 그래도 뭔가를 집중해서 한다는 것이 대단하다는 생각을 했다. 10여 년간 아이의 게임 중독으로 고장 난 노트북이 무려 6대나 된다. 심지어 두 아들 생일이 같은 날이어서 생일 선물로 게임 열심히 하라고 노트북 두 대를 각각 선물할 정도였다. 마음속으로는 언젠가는 졸업하겠지, 그리고 프로 게이머가 되면 그것도 괜찮다고 생각하기로 했다. 우리 아이가 뭘 하든 축복해주기로 하고 적극 밀어주기로 마음먹었다. 그저 건강하게 살아주기만 해도 감사하다고 생각했다.

TV 뉴스에 가끔 보면 PC방에서 게임을 20일 동안 하다가 죽어서 나오는 애들을 보면서 소름이 돋았다. 난 집에서 게임하는 것만으로도 만족해야 했다. 부모님이 이른 나이에 병환으로 돌아가신 것이 나에겐 큰 충격이었다. 그래서 그 무엇보다도 중요한 건 건강이란 걸 절실히 알았기에 우리 아이에게도 될 수 있으면 스트레스 주지 않고 잔소리하지 않고 키워서 건강하게 살기를 그 무엇보다도 원했다.

아이가 게임에 빠지게 된 것도 다 이유가 있는 것이고, 부모의 영향이고, 아이에게는 아무 잘 못이 없다는 걸 인정해야 했다. 그게 맞는 거니까. 그래서 화낼 필요도 없고, 화를 내서도 안 되었다. 아이에게 뭔가 불안 증세가 있어서, 그리고 뭔가에 집중을 해야 할 만큼 흥미 있는 다른 일이 없다는 것이기 때문이다. 그래서 게임에 열중인 아들을 보며 나는 내 자신을 다독이며 내가 아이를 저렇게 만들었구나 하면서 기다리기로 했다. 아이가 스스로 게임에서 벗어나기를 말이다.

아이는 지금 나이가 22세인데 자기 인생을 어떻게 살아야 한다는 걸 안다. 그래서 군대 전역한 후 바로 아르바이트를 하며 열심히 산다. 물론 쉬는 시간에는 게임을 한다. 그러나 아주 열심히 자기 일을 다 하고 나머지 시간에 한다. 그리고 가끔 그런 말도 한다. "엄마, 난 유튜브 보는 걸 너무 좋아해서 문제야. 어떻게 해야 되지?" 하면서 걱정을 하는 것이다. 난 대답했다.

"유튜브를 보는 건 잘못이 아니야. 엄마도 유튜브 보는 거 아주 좋아해. 단지 가장 중요한 일이 뭔지 우선순위를 정해서 먼저 해야 할 일을 하고 나서 유튜브를 보면 돼."

자기 자신의 잘못된 행동에 대해 고민 중이던 아이는 얼굴이 밝아지면서 "아, 그러면 되겠구나!" 한다.

내가 훈육하는 방법을 비난하는 사람도 있을 수 있다. 그러나 내 아이는 내가 가장 잘 알고 내 아이에게 가장 잘 맞는 양육 방법으로 했다고 말하고 싶다. 각자의 자녀들도 자기가 가장 훌륭한 양육 전문가이다.

그저 아이가 뭘 잘하고 좋아하는지 지켜만 보라. 그리고 그게 무엇이든 적극 밀어줘라. 그리고 칭찬을 하라. 이미 성공한 아이처럼 대해라. 난 게임 중독에 빠진 아이에게 말도 되지도 않은 프로 게이머가 되라고 적극 응원했고, 밤을 새서라도 열심히 게임을 하라고 했으며 노트북을 무려 8대나 지원했다. 그리고 우리 아들이 임요한처럼 프로 게이머가 돼서 돈을 많이 벌면 좋겠다고 했다. 그렇게 지원과 응원을 했기에 아이는 불만이나 나에게 대드는 일이 없었다. 그리고 아르바이트를 하면서 게임이 얼마나 지장을 초래하는지 깨닫고 폰에 있는 게임 어플을 모두 삭제했다는 말을 듣게 되기도 했다. 얼마나 대견한가.

엄마가 강제로 게임을 멈추게 하려 했다면 부작용이 상당히 많았을 것이다. 그러나 성인이 되어서 아이는 스스로 게임을 자신의 스트레스를 푸는 도구로 사용하기는 했으나 직업에 지장을 초래하니 모든 게임 어플을 삭제해 버리는 일을 하는 아이로 성장했다. 그리고 가장 중요한 일을 먼저 한 후에 쉬는 시간에는 폰 유튜브를 보거나 운동을 하였다. 혼자 하면 운동이 꾸준히 안 된다며 나에게 같이 운동을 하자고 한다. 얼마나 많이 변했는지 너무 고맙다. 집에 있는 날에는 엄마 일을 도와준다. 설거지, 빨래 널기, 자기 방 정리하기, 음식물 쓰레기 버리기 등등. 과거에는 상상도 못했던 일이다. 아이가 어떤 것에 마음의 변화가 되었는지는 몰라도 너무 많이 변했다. 얼마나 감사하고 행복하고 그렇게 변해준 아이가 대견스러운지 모른다.

결론은 이거다. 성장 과정에 있는 아이에게는 알지 못하는 이상한 현상들이 나타나기도 하고, 감당하기 힘들 정도의 사건과 사고를 치면서 자랄 수 있다. 그러나 결국은 엄마 아빠의 믿음이 아이를 바로 잡게 하고, 올바른 길로 돌아오고 정상적으로 잘 자라게 한다. 이 사회에 꼭 필요한 성인으로 자라게 된다는 것이다. 둘째는 두말할 필요도 없이 자기 일을 너무 척척 잘 해낸다. 항상 둘째에게는 이런 말을 했다.

"엄마는 우리 총명이를 믿는다."

이 말을 들으면 아이는 좋아한다. 그리고 한마디 한다.

"당연하지."

얼마나 당당하고 자신감이 있는지 모른다. 가끔 너무 자신만만하여 실수를 하는 경우가 있기는 한다. 큰아이와 둘째 아이는 완전히 다르다. 부모의 두 성격이 아주 다르기에 두 아이의 성격 역시 완전히 다르다. 그러니 둘을 비교하는 것이 아니라 성격에 맞게 칭찬과 격려를 해야 하며 조금은 다르게 양육을 해야 한다는 것이다. 완벽한 레시피는 없다. 하지만 내 아이는 내가 가장 훌륭한 양육 전문가라는 것을 잊지 마라.

아이의 마음을 알면 아이의 미래가 달라진다

우리는 살아가면서 얼마나 많은 마음들이 교차하는가? 내 자신의 마음도 잘 모르고 살아간다. 내가 과연 무엇을 좋아하고 무엇을 싫어하는지도 잘 모르고 살아갈 때가 많다. 예를 들어 식사 약속을 하고, 뭐 먹고 싶으냐고 물으면 당장 떠오르지 않고 한참을 고민하다가 결국 상대의 의견에 따라가거나 원치 않은 음식을 얘기하면 속으로 마음에 들지 않으면서 어쩔 수 없이 식당에 가기도 한다. 때로는 이런 일로 다투기도 하고 헤어지기도 한다. 부부끼리도 얼마나 많은 다툼을 하는지 모르겠다. 서로의 마음을 모르고 오해하고 서운해하고 미워하고 점점 쌓여서 결국은 이혼까지 가기도 한다.

우리는 너무도 어려운 이 마음 상태를 왜 그리도 모르고 살아갈까? 내 자신뿐만 아니라 상대의 마음까지, 이 마음 하나로 얼마나 많은 오해와 다툼을 하고 살아왔는가. 자녀 양육에도 역시 중요한 것은 아이의 마음을 알아주는 것이 가장 중요하다. 태아 때부터 아이는 엄마 아빠에게 무한 사랑을 받기 위해 잉태되었다. 부모 역시 조건 없는 사랑을 태아에게 줘야 한다. 그런데 난 그렇지 못했다. 열 달 동안 얼마나 많이 남편과 다투고 자살 시도까지 하고 배 속에 아이에게 하면 안 되는 말까지 해버렸다. 우울증이 심해서 정상이 아니었기 때문에 너무 힘들었다. 태어나서도 아이를 마구잡이로 키웠다. 독수리가 새끼를 벼랑에서 떨어뜨리듯 나도 아이를 마구마구 떨어트렸다. 나 역시도 그렇게 자랐기 때문에 양육법도 유전이 되었나 보다. 그때는 그저 본능대로 키웠던 것 같다.

지금이야 많은 공부로 나 자신이 바뀌니 아이에게도 잘 대해주지만 말이다. 문제는 결혼 초기에 나와 같은 가정들이 많다는 것이다. 결혼이 중요한 과업인 것은 확실한데, 너무 쉽게 결혼하고 아무 생각 없이 저절로 생기는 아이를 낳기도 하지 않은가. 요즘엔 결혼도 출산도 아예 거부하는 혼족들의 세상이지만 그때는 말이다. 거의 70%는 어쩔 수 없이 결혼해야 되는 상황이어서 하게 되는 경우가 많았다. 왜냐하면 여자들의 존재가 그리 썩 존중받지 못하는 시대여서 가정에서부터 자존감이란 걸 아예 땅바닥에 깔고 남자가 좋아서 결혼을 원하면 마지못해서 하게 되는 상황이 많았기 때문이다. 그래서 '여자 팔자는 뒤웅박 팔자'라는 말도 있지 않았는가 말이다.

내가 너무 오래 전 얘기를 하는 것인지도 모르겠다. 그러나 나와 같은 상황의 여자들을 대변이라도 하고 싶은 마음을 이해해주기 바란다. 여자들은 소극적으로 남자들의 리드에 따라가는 식의 태도가 정석이라는 관념, 남자는 하늘, 여자는 땅이라는 관념, 여자는 순결을 잃으면 모든 걸 다 잃은 것이라는 관념. 이런 관념과 관습이 얼마나 여자들을 올가미에 가두었는지 모른다. 나 역시도 중2 때 말로 표현하기 힘든, 그래서 여태 아무에게도 말을 못한 이상한 경험으로 지금까지 고통을 당하고 살고 있다. 물론 많이 치유는 되었지만 아직도 상처가 남아 있음을 느낄 때가 있다. 이런 여자가 결혼하여 아이를 잘 키운다는 건 기적이라고 생각한다.

첫째 아이를 낳아서 시어머니가 키우고 둘째 역시 낳아서 대충 키웠다. 자신이 없으니 하나님께 맡기고 대신 잘 키워 달라고 기도만 했다. 난 그저 내 생명 부지하는 데만 연연해야 했다. 그러니 아이의 마음을 이해하거나 알 수도 없었다. 그렇게 중학교까지 스스로 자라준 아이들이 너무 고맙고 대견스럽고 감사했다. 이러면 안 되는데 방법이 없었다. 방안에 혼자 두고 외출하던 때 아이의 마음은 얼마나 두려움에 떨었겠으며, 할머니에게 자란 아이는 또 얼마나 엄마가 보고 싶었겠으며, 학교에서 집에 왔을 때 아무도 없는 집에서 얼마나 외로웠을까.

지금 생각하면 너무 마음이 아프다. 지금은 하나하나 아이에게 미안하다고 하고 싶다. 그때의 마음을 들어주고 상처를 치유하고 싶다. 그렇게 해야 한다. 그런 경험 정보는 아이에게 평생 잠재의식에서 상처를 주고 힘들게 하기 때문이다. 내가 그런 것 같이. 나의 엄마가 그때 나에게 따뜻하게 위로를 해주거나 아무렇지 않으니 걱정하지 말라고 해줬으면 내가 평생 이 나이까지 마음고생을 안 했을 것이니 말이다. 난 아이에게 가끔 이런 말을 한다.

'너의 잘못은 하나도 없어. 다 엄마 아빠의 잘못이란다.'

이 말이 얼마나 아이에게 위로가 될지는 모르겠지만 그게 사실이니까 난 말을 한다.

큰아이의 이런 말을 한참 뒤에 들었다. 아이가 혼자 집에 있을 때의 일이다. 경비 아저씨가 수도 점검을 하러 와서 일을 마치고 밸브를 잠그지 않고 나갔는지 안 나오던 물이 갑자기 나와 욕실 안에 물이 넘쳐 아이가 놀라 울면서 경비실로 뛰어와 도움을 요청했다는 것이다. 어린 나이 6세에 혼자 얼마나 놀랐을까 생각하니 가슴이 아프다. 아이가 수도꼭지를 아무리 잠그려고 해도 물이 계속 나와버리니 얼마나 황당했겠는가 말이다.

그때의 일을 기억은 할지 모르지만 무의식 속에는 경험 정보로 남아 있을 것이다. 그것을 끄집어내어 치유해야 언젠가 닥칠 그런 상황에 아이가 당황하지 않고 잘 넘어갈 수 있을 것이다. 성인이 되어서도 말이다. 그때는 내가 몰라서 안 해줬지만 지금이라도 해줘야 한다. 그때 경비 아저씨의 실수로 그런 일이 생겼지만 혼자 아이를 두고 나간 엄마의 책임이 더 크기 때문이다. 우리 엄마는 나에게 그런 위로의 말을 못 하고 돌아가셨지만, 난 우리 아이들에게 반성의 자세로 미안함과 위로의 말을 꼭 전하려고 한다. 기회가 되면 하고 있기도 하다. 아이의 상처 받은 마음을 위로해주고 이해해주는 것이 얼마나 아이의 성장에 큰 영향을 미치는지는 나를 통해서 확실히 느낄 수 있다.

난 어려서 많이 아팠다. 풍족하게 못 먹었고, 돌봄도 받지 못하여 영양실조에 기관지 천식에 변비에 동상에 구안와사에 중학생까지 병을 달고 살았다. 중학교 때의 일이었다. 구안와사에 걸려 얼굴 반쪽이 마비가 와서 웃으면 입이 돌아가서 삐죽이가 되었다.

엄마는 막내딸 하나를 가만히 두지 않았다. 시골에서 굴 양식을 하는데 어린 나를 하루 종일 어른들 틈바구니에서 굴 껍데기를 까는 일을 시켰다. 14세였을 때 나는 너무 힘이 들었다. 한두 시간도 아니고 하루 종일 쪼그리고 앉아서 굴 껍데기 까는 작업을 해야 했다.

대낮에 햇볕이 내리쬐는 시간에 오랫동안 앉아 있던 것이 문제가 되었다.

혈액 순환이 안 되었는지 머리가 깨질 정도로 아팠다. 하도 아파서 엄마에게 말을 했더니 엄마는 내가 일하기 싫으니까 꾀를 부린다고 하면서 혼을 내시며 잔말 말고 일을 하라는 것이었다.

난 어렸기 때문에 엄마 말에 거부를 못 하고 참고 더 했다. 하면 할수록 머리는 더 아파왔다. 쓰러질 것 같은 통증에 구토 증세까지 도저히 못 참겠다 싶어 다시 말을 했다. 그제야 엄마는 꾀병이 아니라고 느꼈는지 집에 가라고 했다. 난 어떻게 집으로 왔는지 모르게 혼미해져서 겨우 집으로 와서 쓰러졌다.

그 뒤로 입이 돌아가는 이상한 병이 온 것이다. 그때는 심각성도 모르고, 내 모습을 보고 웃기도 했다. 엄마는 입이 돌아간 나를 보고 이상한 민간요법을 해주었다. 신발짝으로 뺨을 치면 돌아간 입이 다시 정상으로 돌아온다고 하면서 신발로 뺨을 치는 것이다. 또 이상한 나무 가지를 고무줄로 연결해서 묶어서 귀와 입에 걸어 삐죽해진 입을 돌아오게 한다고 해서 나는 한동안 입에 그걸 걸고 다니기도 했다. 지금 생각하면 참 가당치도 않은 방법이었다. 그러나 의학 상식이 없는 시골 무학 출신의 엄마로서는 그런 방법밖에는 알 길이 없었다.

그러던 중에 아버지께서 수소문을 해보셨는지 어느 날 나를 데리고 버스를 타고 한참을 가는 것이었다. 다른 마을의 어느 집으로 들어갔다. 그곳에서 어떤 아저씨가 나에게 침을 얼굴에 놔주었다. 마비가 된 얼굴 쪽에 침을 놓으니 피가 나왔다. 어린 나이였기에 해주는 대로 가만히 있었다. 침을 맞고 집으로 돌아와 시간이 좀 지나니 어느 샌가 다시 얼굴에 마비가 풀려 양쪽 다 움직여진 것이었다. 그래서 그 뒤로 한참 동안 양쪽의 시력이 좀 다른 이유도 있었던 것 같다. 아버지가 나를 살린 것이다. 그때 만약에 엄마의 방식대로 했다면 지금의 나는 얼굴이 비틀어진 병신이 되어 있을 것이다. 그때 그 아저씨의 침술이 나에겐 큰 고마움을 느끼게 해주었다. 그 뒤로 난 양방보다 한방 즉 침, 뜸, 부항, 사혈 이런 것에 관심을 갖게 되었다.

이렇듯 부모의 역할은 어려우면서도 중요하다. 엄마는 배움도 없고, 또 나를 소중히 생각하지 않았기 때문에 하마터면 딸이 잘못 되었을 수도 있었을 것이다. 지금의 난 아이들에게 털 끝 하나 다치지 않고 건강하게 잘 키우려고 노력하고 있다. 물론 마음까지도 말이다.

어린 시절 아버지의 수소문 끝에 나를 살려준 그 침술원이 바탕이 되어 지금 난 '무병장수 연수원'을 운영하고 있으니 얼마나 놀라운 일인가! 나의 직업까지도 결정해준 사건이 되었기 때문이다.

아이의 평생 자존감은 초등학교 때 시작된다

자신감과 자존감의 차이가 있다는 걸 성인이 되어서야 알았다. 과거에는 자신감만 알고 중요하게 생각해서 자존심이 상하는 일을 당하면 치욕스럽고 수치스러워 자존감이 확 떨어지는 걸 느낀다. 누가 나를 욕하면 거기에 목숨 걸고 따지고 화를 낸 적이 많았다. 누구나 그런 경험이 있을 것이다. 그런 내가 아이들의 자존감을 세워주는 걸 어떻게 알았겠는가! 그냥 보이는 대로 아이를 혼내고 막무가내로 말을 했던 기억이 난다. 그런 엄마에게서 아이들은 얼마나 자존감이 땅에 떨어졌을지 상상이 간다. 난 이 책을 쓰면서 과거의 나를 많이 반성하고 아이들에게 용서를 구하는 기회로 삼고 있다. 내가 받고 자란 대로 양육한 죄를.

그러나 제정신이 들 때도 있었다. 내가 둘째 임신을 했을 때의 일이다. 어느 날 외출을 하다가 버스 터미널에서 어떤 아이를 보게 되었는데 그 남자아이의 머리가 눈에 확 들어왔다. 머리 정수리에 가마가 세 개가 나란히 있는 것이 보였다. 난 속으로 깜짝 놀랐다. 세상에나 어떻게 머리에 가마가 세 개나 있을 수 있지?

난 놀라면서 순간 임신하면 좋은 것만 보라는 말이 떠오르며 얼른 고개를 돌려버렸다. 나에게도 그런 관념이 있었던 것이다. 가마가 세 개면 결혼을 세 번 한다는 말을 어디서 들은 적이 있었다. 분명 나쁜 것은 아니지만 내 아이는 안 그랬으면 하는 마음이 생겼다. '난 절대로 그런 아이를 낳고 싶지 않아. 그런데 혹시 내가 저걸 봐버려서 그렇게 태어나면 어떡하지?' 하는 불안감이 확 밀려왔다. 임신한 상태로 인해 마음이 약해져 있었는지, 아니면 나의 중 2 때 사건이 오버랩 되면서 안 좋은 생각이 들었는지, 아무튼 마음이 복잡하고 불안했다.

난 아이를 낳자마자 머리를 보았다. 아이의 정수리에 있는 세 개의 가마를 보고 난 기절할 뻔 했다. 시어머니도 와서는 그것이 보였는지 "가마가 세 개네." 하면서 아이의 머리를 만지셨다. 나의 생각이 아이를 그렇게 만든 것인지…. 엄마의 태교가 이렇게 중요하구나! 난 또 한 번 놀랐다. 아이에게 괜히 죄책감이 들었다.

'엄마 때문에 네가 이렇게 태어났구나! 미안하다 아들아! 이 엄마를 용서해다오.'

죄책감에 난 아이를 더 잘 키워야겠다고 다짐을 했다.

한 여름 8월 하고도 4일에 태어난 아이는 나에게 모기와의 전쟁을 치르게 만들었다. 거기에 산후 조리도 혼자 해야 했다. 큰애는 시댁에서 했는데 둘째는 하필 동서가 먼저 애를 낳아 시댁에서 산후 조리를 하는 바람에 나까지 갈 수가없었다. 혼자 아이를 씻기고 젖을 물리고 하다 보니 젖 몸살에 잇몸이 다 헐어 먹지도 못하고 거의 죽을 지경까지 갔다. 의약 분업으로 약국에서 영양제 수액도 살 수 없었다. 아는 지인이 수액을 놓아주어서 겨우 버텼다.

거기다 밤에는 모기 때문에 아이를 재우고 밤새 모기소리가 들리면 깨어나 모기를 잡아야 했다. 남편은 모기장을 사오라고 했더니 철물점에서 방충망을 사왔다. 기가 막혔다. 잔소리할 힘도 없었다. 너무 급해서 난 우산을 켜고 방충망을 씌워 아이가 모기에 안 물리게 했으나 수유 때문에 너무 불편해서 결국은 내가 밤새 잠을 안 자고 모기를 쫓아야만 했다.

못 먹은 데다 잠도 못 자니 죽을 지경이 안 올 수가 없었다. 말로 표현하기 힘들 정도로 힘든 시절이었다. 그때 잠을 못 자 낮에는 눈이 계속 따갑고 가려워서 수없이 눈을 비비다 보니 눈 밑이 까맣게 변해 다크써클이 심해졌다. 그런 이유로 많은 사람들에게 농담 섞인 욕을 먹었다. 귀신이 씌었냐는 둥 여자 김수용이라는 둥 남의 아픔을 그런 식으로 놀리는 사람들도 있었다. 난 죄책감 때문에 아이를 더 잘 보살피려는 생각에 거기에다 남편의 기가 막힌 도움으로 많은 고생을 했던 것이었는데….

아이는 초등학교를 다니면서 사춘기가 되어서 드디어 고민을 털어놓았다.

"엄마, 애들이 나보고 가마가 세 개라고 놀려요."

의기소침해서 나에게 묻는 것이었다. 난 기다렸던 것이 왔구나 싶어 이렇게 말했다. "응. 그거 괜찮아! 남들은 하나밖에 없는데 넌 세 개나 있으니 넌 정말 훌륭한 사람이 될 거야! 넌 아주 특별한 사람이야!" 했더니 아이는 "아, 그래요?" 하면서 안심을 한듯 좋아했다. 난 겨우 위기를 모면했다. 내가 중2 때 엄마에게 받은 상처를 그것만큼은 물려주고 싶지 않았다. 성적인 수치심이 얼마나 사람을 괴롭히는지 난 알기 때문에 아이에게는 절대로 물려주고 싶지 않았다. 그건 부모로서 당연히 해야 할 일이기 때문이다. 우리 엄마는 그걸 나에게 못 해주고 가셨다.

우리 아이는 지금 너무 밝고 건강하게 잘 자라고 있다. 그때 만약에 내가 "응. 그거 나중에 결혼 세 번 하는 거야."라고 했다면, 다른 사람들처럼 놀림 당한 기분 들게 했다면 과연 아이는 어떻게 사춘기를 보냈겠는가? 그랬다면 지금의 건강한 아이로 자랄 수 있었을까 싶다. 나처럼 열등감에 빠져 의기소침한 아이로 자랐을 것이다. 자존감이 바닥을 기었을 건 두 말 할 나위가 없다.

'아들아! 지금처럼 건강하게 잘 자라만 다오! 난 네가 너무 자랑스럽단다. 고마워!'

둘째 임신했을 때는 삼성출판사에 근무를 하면서 아이들 책을 판매하는 일을 하였던 시절이었다. 입사한 지 얼마 안 되어 고민을 하다가 회사를 그만두고 아이에게만 집중을 했다. 그런데 입덧이 너무 심해서 열 달 내내 누워만 있어야 할 정도였다. 먹을 수도 없었고 토하기를 수백 번 하고 노란 위산이 나올 정도였다.

힘든 아홉 달을 채우고 산달이 되자 난 아이에게 주문을 외웠다. "아가 네 형 알지? 네 형도 8월 4일에 태어났단다. 이왕이면 너도 8월에 태어날 거면 같은 날로 맞추자. 형이랑 같이 생일파티를 하면 얼마나 좋겠니?" 하면서 말이다. 아이는 형보다 2주가 늦은 뒤에 출산일인데 이 엄마는 너무 무리한 요구를 아이한테 해버린 것이다.

놀라운 건 태아는 그 모든 엄마의 말을 뱃속에서 다 듣고 있었던 것이다. 결국 아이는 2주나 빨리 태어났다. 의사 선생님이 아이가 2.7kg으로 작게 태어나고, 얼마나 엄마 말을 들어주려고 애를 썼는지 스트레스를 받아 뱃속에서 태변을 먹어버려서 걱정이 된다고 말씀하셨다. 나 역시도 밤새 진통으로 고생하였고 수혈을 받을 정도로 하혈을 많이 했다.

정말 놀라웠다. 뱃속에 아이에게는 엄마가 우주고 하나님이다. 엄마의 명령에 복종해야만 사랑받는다는 생각을 하는 여린 존재이기 때문이다. 엄마가 낙태하려고 마음을 먹으면 아이는 죽을 수밖에 없는 약한 존재이지 않은가! 그리고 무한 사랑을 받기 위해 엄마의 말을 듣고 예정일을 2주나 빨리 태어나려고 태변까지 먹고 나오려고 했던 것이다. 얼마나 많은 스트레스를 받았는지 상상을 해본다.

"아들아! 엄마의 무리한 요구를 들어주려고 얼마나 힘들었니? 미안하다."

'현재 잉태하고 있는 산모들이여! 우리의 태아들은 이렇게 천재이고, 놀라운 존재들입니다. 안 좋은 생각 하지 말고, 함부로 말하지도 말고, 좋은 말만 하십시오. 아무리 지금 힘들고 괴롭더라도 행복한 아이가 태어날 수 있도록 노력하시길 바랍니다! 엄마의 욕심으로 아이를 힘들게 한 저의 잘못을 고하며, 여러분들은 안 그랬으면 하는 마음에서 부탁을 드립니다.'

초등학교 때 자존감이 평생을 좌우한다는 말이 맞는 말인 것 같다. 난 초등학교 때 전교 부회장을 맡을 정도로 똑똑하고 공부도 잘했다. 곧잘 선생님께 칭찬도 받고 인기도 많았다. 비록 중학교 때는 상처가 있었지만, 지금 버티고 잘 살아가고 있지 않은가?

그때의 자존감으로 지금 이렇게 글도 쓰고, 작가로서의 길로 가고 있을 정도이니 이 정도면 자존감 뿜뿜이지 않은가? 이렇게 자존감을 살아나게 해주신 김 도사님께 무한 감사드립니다. 자존감은 평생 우리에게 필요한 자원이다. 누구보다가 아닌 오로지 나! 난 내가 좋다! 자신을 아끼고 사랑하는 마음! 남이 뭐라 해도 흔들리지 않은 자기애! 가끔 흔들리기도 하지만 결국은 다시 돌아오는 자존감! 이것이야말로 이 험난한 세상을 살아가는 긍정의 마인드가 아닌가 싶다. 부디 자녀에게도 어린 시절부터 비교하기보다 독특한 내 아이를 인정하고 사랑해주는 부모가 되어보자.

불안을 이기는 엄마가 아이를 제대로 키운다

불안을 이기는 엄마가 아이를 제대로 키운다. 당연하다. 아이들은 엄마의 뱃속에 있을 때 열 달 동안 엄마의 모든 행동과 생각, 의식, 가치관 관념, 습관들을 다 알고 있다. 뱃속에 있는 자기를 얼마나 사랑하는지, 원하는지, 원하지 않는지, 불안해하는지, 편안해하는지 말이다. 그래서 태어나면 엄마가 자기를 어떻게 생각하는지 알기 때문에 무의식적으로 자기도 모르게 엄마를 힘들게 하거나 편하게 하거나 한다. 밤새 잠을 안 자거나 허구한 날 짜증내고 울면서 엄마를 힘들게 하기도 한다. 그만큼 뱃속에 있을 때 엄마의 불안감을 느끼고 태어났기 때문에 태어나서도 불안해서 우는 것이다.

또는 반대로 엄마의 편안함과 사랑, 그리고 믿음이 자기를 얼마나 사랑하는지 알기 때문에 태어나서도 순하게 잘 먹고 잘 자고 잘 싸는 아이도 있다. 다 그렇다는 건 아니지만 그만큼 아이는 엄마의 모든 마음을 알 고 느끼고 감지하고 있다는 것이다. 난 뱃속에 있는 아이한테 참 못된 짓을 많이 했다. 첫애는 정말 어쩌다 생긴 아이었기 때문에, 너무 두려웠고 아무 생각 없이 낳게 되었다. 무지 많이 싸우고 치열하게 살았다. 남편은 앞에서 말했듯이 2% 부족해서 나를 더 힘들게 했다. 한 여름에 참외가 너무 먹고 싶어서 좀 사 달라고 했다. 동그랗고 노랗고 골이 선명하게 예쁘게 잘 파인 참외를 사오라고 신신당부를 했다. 내심 기대를 하고 기다렸는데 아뿔싸 남편은 한쪽이 찌그러진 참외를 사온 것이다. 순간 화가 치밀었다. 예쁜 참외를 사오라는 내 부탁이 무참히 짓밟힌 느낌이 들었다. 동글동글 예쁜 참외를 원했는데 남편은 그 말을 못 알아먹은 건지 한쪽이 찌그러진 참외를 가장 좋은 것이라고 하면서 줬다.

그 뒤에 일은 상상에 맡기겠다. 결국 그 참외는 하나도 못 먹고 방바닥에 내팽개쳐지고 죽 사발이 되었다. 남편은 화를 못 이기고 임신한 나 앞에서 그런 만행을 저지른 것이다. 왜 자기의 진심을 모르고 그러냐는 것이다. 난 더 화가 났다. 내가 직접 예쁘고 동그란 참외를 사서 보여줬다. 이런 참외가 내가 원하는 예쁜 참외라는 걸 보여줬다. 남편은 대화가 잘 되지 않았다. 귀를 막고 사는 사람 같았다. 그게 사실이다. 남편은 귀가 잘 안 들린다. 내가 말을 하면 못 알아먹고 항상 되묻는다. “어?” 난 다시 말한다. 다섯 차례 정도 점점 목소리를 높여서 말을 해야 그때서야 알아먹고 답을 한다. 그것도 나의 한계를 뛰어 넘게 만들어 내가 짜증이 난 상태일 때. 결국 난 그 뒤엔 내가 말을 더 이상 하지 않는다. 그나마 신혼 때는 대화를 해야 했기 때문에 다섯 번이라도 목이 터지도록 외치며 샤우팅 대화를 해야 했다. 샤우팅 대화를 한두 번 하다 보면 나중엔 정말 대화를 하고 싶지 않게 된다. 그러니 점점 대화가 적어지고 오해만 쌓이게 되고 미움이 싹을 틔워 골이 깊어지게 마련이다. 그러니 싸움이 잦을 수밖에….

아이에게 최근에 어린 시절 아픈 과거를 물어 보면 그런 말을 한다. 기분 좋은 일은 하나도 기억이 안 나고, 기분 나쁘고 억울하고 힘든 것만 생각난다고. 특히 큰애가 심하다. 엄마 아빠 싸운 것이 제일 많이 기억이 난다고 한다. 나도 인정한다. 정말 많이 싸웠다. 미래도 너무 불안했다.

남편은 능력이 없었다. 돈을 못 버니 시댁에 자꾸 손을 벌리고 여동생에게 돈을 빌렸다. 결국은 주식에 손을 대어 사방에서 빌린 돈과 불려 달라고 맡기신 분들의 돈을 다 손실로 잃어버렸다. 그 결과 나와 남편은 신용 불량자가 되고, 카드 돌려 막기도 한계가 온 것이다. 시댁에서 사준 아파트와 차를 압류 당하고 길거리에 나앉게 된 상황이 되어버렸다. 빚쟁이들이 현관문을 두들기며 아침부터 소란을 피우는 일도 경험했다. 정말 두려웠다. 아이들은 말은 하지 않아도 다 느꼈을 것이다. 엄마가 얼마나 불안해하고 힘들어 했는지를 . 이런 남편하고 같이 사는 내가 불안해 한 건 당연한 일이었다.

아이들을 돌보는 일에도 소홀할 수밖에 없었다. 빚쟁이들이 날마다 전화하고 찾아오는데 돈을 안 벌 수가 없었다. 그래서 약한 몸으로 꽃집에 가서 무거운 화분을 들었다 놨다 하는 일을 하고, 호프집 서빙도 해보고, 매점 카운터도 보고, 사랑방 신문에 나오는 할 만한 일은 다 해보았다. 나중에 아는 분이 요양 보호사 자격증을 취득해서 일을 해보라는 권유를 해줘서 몇 개월 학원을 다녀 자격증을 취득하여 몇 년 동안 그 일을 하여 빚을 갚는 고생을 해야만 했다.

남편은 놀았다. 주식으로 실의에 빠져 아무 일도 못 하고 정신 나간 사람처럼 있는데 돈 벌어 오라는 말이 안 나왔다. 속이 터졌다. 내가 직접 가장이 되어야만 한다고 생각했다. 경제권을 남편에게 두고 의지만 하는 단계는 끝났다는 생각이 들었다. 직접 내가 생계를 위해, 빚을 갚기 위해 육체노동을 감행해야 했다. 그런 세월을 10여 년 간 해오다 보니 빚도 청산하게 되고, 물론 파산 신청을 해서 감액된 금액을 갚은 것이다. 월세로 살다가 임대 아파트도 신청하여 이사하게도 되었다. 작은 아파트에 거실도 없는 곳에서 발 디딜 틈도 없이 살다가 지금은 거실도 있고 전망도 좋고 너무 행복하다.

그동안에 함께 고생하고 버텨왔던 우리 아이들에게 너무 고맙고 미안할 뿐이다. 거의 방치된 상태에서 스스로 자랐어야 했기 때문이다. 큰애의 경우 한 여름에도 긴팔 옷을 입고 교복을 덧입고 다녀서 담임 선생님이 반팔 티셔츠를 5벌이나 사 주었다고 한다. 언젠가 보니까 아이가 땀띠가 나게 긴팔 옷을 입고 다닌 것을 보았다. 난 신경을 써줄 수가 없어서 그냥 지나쳤는데 보다 못한 담임 선생님이 그걸 발견하고 사준 모양이다. 기가 막힐 노릇이었다. 그래도 난 돈을 벌기 위해 일을 해야 했고, 육체노동으로 고단한 내 몸을 치료하기 위해 쉬는 날에는 물리치료를 받으러 다녀야 했다.

어서 빨리 빚을 갚고 좁디좁은 그 집에서 벗어나야 한다는 생각에 오로지 혼자 감당해야 하는 압박감으로 힘들어도, 목에 칼이 들어와도 일을 해야 했기 때문에 아이들은 일단 뒷전이었다. 한심한 엄마였지만 어쩔 수 없었다. 그 10여 년 간 아이들에게는 정말 할 말이 없다. 그래도 잘 자라준 아이들에게 너무 고맙다는 말을 해주고 싶다. 어느 정도 여유가 생긴 후에 난 아이들에게 보상이라도 하듯 못 해줬던 것들을 모두 해주었다. 세상에 얼마나 고마운 아이들인가! 엄마가 돌보지 않아도 학교를 한 번도 빠지지 않고 잘 다녀준 것, 엄마에게 한마디도 불평을 한 적이 없는 것, 아마도 우리 아이들은 전생에 천사가 아닌가 싶을 정도이다.

살다 보면 누구나 이런 시련이 있을 수 있다. 평탄하게만 살아간다면 아이들 역시도 독립을 하기도 힘들 것이고 독립을 했다 하더라도 편하게만 살려는 생각에 험한 세상에서 버티기가 쉽지는 않을 수도 있다. 우리 아이들은 이렇게 힘든 어린 시절을 경험했기 때문에, 또 엄마가 얼마나 고생했는지도 알기에 지금 성인이 되어서 힘들어도 불평 없이 사회생활을 너무 잘 버텨 내고 있다. 엄마가 힘든 시기를 이겨냈기 때문에 아이들도 다 보고 느낀 것이다. 힘들었지만 자기들을 위해 버텨내야만 했던 엄마를 아이들은 말로 표현은 하지 않아도 엄마의 진심을 알아준 것이다. 자기들을 얼마나 사랑하는지를….

"착한 우리 아들들아, 너무 고맙다. 엄마는 너희들이 사랑스럽고 존경스럽단다."

난 결국 불안을 이기고 기울어져가는 가정을 일으켜 세웠다. 그런 엄마를 보는 아이들에게도 이 세상을 헤쳐 나갈 수 있는 힘을 부여해준 것이다. 특별히 해준 것은 없지만 아이들은 엄마의 발버둥 치는 치열한 삶을 다 보고 느낀 것이다. 물론 아빠는 들러리였지만 능력이 그게 한계인 사람에게 더 뭘 원하기는 힘들었다. 포기하는 것이 더 나은 상황이었다. 여자는 약하지만 엄마는 역시 강하다는 말이 이래서 생겨났나 보다.

세상 모든 아이의 기질은 전부 다르다

나는 두 아들이 있다. 2년 터울로 낳았는데 생일은 같은 날이다. 엄마의 무리한 요구에 둘째 아들은 응해주었다. 형의 생일과 같은 날 태어나라는 엄마의 강압적인 부탁을 들어준 것이다. 자기는 예정일보다 2주나 빠른데 말이다. 그래서 이름을 총명이라고 지어줬다. 태아라고 무시하면 절대로 안 된다.

둘째는 태아 때부터 아주 총명하고 영리한 아이였다. 반면 큰 아이는 바다와 같은 넓은 마음을 가진 아이이다. 모든 것에 불평불만이 없다. 만사 오케이다. 이런 아이가 불쌍하기도 하다. 엄마에게 티셔츠 사 달라는 말도 안 한다. 내가 필요한 것을 물어보면 괜찮다고 한다. 한겨울에도 내가 사주지 않으면 패딩 하나 없이 보낸다. 한번은 하도 몇 달 동안 기침을 달고 다니길래 자초지종을 물어보았다. 왜 감기를 달고 다니느냐고. 아이 말을 들어보니 자기 반 교실이 가장 끝에 위치해 있어서 너무 춥다는 것이다. 그리고 온풍기도 고장 나서 잘 안 된다고 한다. 그래서 다른 애들은 교복 위에 패딩을 입고 다닌다는 것이다. 난 아이가 말을 안 해서 그렇게 추운지를 몰랐다. 패딩이 필요 없으니 사달라고 말을 안 하나 보다 했다. 그런데 진작에 사줬어야 했다. 난 담임 선생님께 교실에 난방 시설을 확인해달라고 부탁을 하고 당장 패딩을 사주었다.

둘째는 자기가 원하는 것은 다 요구했다. 심지어 여자친구까지도 엄마인 나에게 구해 달라고 할 정도이니까. 자기가 하고 싶은 것은 다 하는 애였다. 지금도 그런다. 자존감도 있어서 대인 관계가 원만하다.

그런데 큰애는 자존감이 아주 낮아서 좋아하는 친구도 없고, 항상 외톨이에 왕따를 당하는 애였다. 나중에 들은 얘기인데 자기는 학교 점심시간에 항상 밥을 혼자 먹었다고 한다. 너무 괴롭고 창피했다고 한다. 친구가 없으니 같이 먹자고 할 사람이 없어 중학교 고등학교 내내 거의 혼자 밥을 먹었다고 한다. 가슴이 미어질 듯 아팠다. 그래서 자기는 가족끼리라도 다 같이 밥을 먹는 것이 소원이라고 했다. 그걸 나이 20이 넘어서야 알았다. 아이의 그런 마음을 말이다. 난 당장 매주 토요일은 네 식구 다 모여 밥을 먹기로 했다. 큰애를 위해 가족이 전체 시간을 내기로 했다. 그런데 정말 몇 년 만에 네 식구가 같이 밥을 먹는지 모를 정도이다. 그만큼 정신없이 살아왔다.

둘째는 정반대이다. 친구들에게 인기가 많아 항상 친구들이 들끓었다. 집에도 많이 놀러오고 밥은 거의 밖에서 친구들과 같이 먹을 정도이다. 어떻게 두 아들이 이렇게 성격이나 기질이 다를 수 있을까 싶다. 하긴 쌍둥이도 기질이 다르다는데 2년 터울의 애들은 당연히 기질이 다를 수밖에 없다고 생각되어진다. 임신했을 때 엄마의 심리 상태와 환경이 아이들의 기질을 많이 좌우할 것이기 때문이다.

나 역시도 첫애와 둘째 애의 임신 기간 동안 너무 많이 달랐다. 물론 유전적인 요인도 많이 좌우하겠지만 말이다. 어찌되었건 난 아이의 기질을 잘 파악하여 그 아이의 기질에 맞게 양육해야 했다. 그 누구라도 잘못이 없고 사랑하는 내 아들이니까.

기질이란 사전적 의미로 기력과 체질을 아울러 이르는 말이다. 즉 자극에 대한 민감성이나 특정한 유형의 정서적 반응을 보여주는 개인의 성격적 소질을 말한다. 그렇듯 한 부모 밑에서 태어난 아이일지라도 전혀 다른 기질을 가지고 있다는 것이다.

나의 친정 언니 오빠도 5형제인데 모두 다 다르다. 큰언니는 60세인데 가장 맏이로서 일찍 돈을 벌어야 했기 때문에 중학교만 졸업하고 집을 떠나 서울로 올라갔다. 거의 40년을 한 가지 일을 하고 살고 있다. 물론 서울에서 터를 잡고 집을 사서 잘 살고 있다. 지금은 자수성가 하여 회사를 경영하고 있다. 둘째 언니는 56세인데 고등학교까지 다니다가 또 회사를 다녀야 해서 집을 나갔다. 지금 역시 수원에서 형부랑 평범하게 잘 살고 있다. 큰오빠는 대학교를 나와 지금까지 사회 문제 개선에 열심을 다하는 정치 운동을 하고 있다. 작은 오빠는 서울시립대 무역학과를 나와서 여행사를 운영하고 있다. 나이 50에 늦깎이 결혼도 하고, 아이도 낳아 행복한 나날을 보내고 있다. 5형제가 모두 성격도 다르고 기질도 다 다르다.

막내딸이었던 나는 겨우겨우 우겨서 광주에서 여고를 나왔다. 그 후 신학교 진학을 반대하는 엄마를 끝내 설득하지 못한 채 서울에서 부모님 몰래 야간 신학교를 나왔다. 그것도 큰언니 집에서 2년간 조카 봐주고 2년간 직장을 다니다가 벌어놓은 돈으로 혼자 학교를 몰래 나온 것이다. 2년간 아예 명절에도 시골을 가지 않았다. 엄마는 나와 인연을 끊자고 하셨다. 보고 싶어 그런 건지 2년간 안 갔더니 화가 단단히 많이 난 모양이다. 난 엄마 말만 들어서는 내 인생이 아무것도 안 될 것 같아 과감히 부모님과의 인연을 잠시 끊기로 결심하고 학교를 졸업했다. 신학교에 가서 내가 당한 고통이 나의 잘못이 아니라 신의 뜻이고 나에게 복음 전하라는 사명으로 받아들였기 때문이다.

고등학교 때 친한 친구랑 자취를 하고, 그 친구와 함께 다시 교회를 다니게 되면서 없던 신앙심이 다시 생기기 시작했다. 고2 때 하계 수련회를 가게 되었는데 장기자랑 시간에 또래 아이처럼 보이는 두 남자아이가 기타를 치고 노래를 불렀다. 그런데 내가 두 남자 애 중에 한 아이한테 눈이 멀게 된 것이다. 한마디로 뽕 간 것이다. 내 눈에서 빛이 번쩍 하면서 앞이 눈이 부셔 안 보일 정도로 하얗게 변해버린 것이다. 난 그 뒤로 그 아이한테 무슨 용기가 생겼는지 말을 걸고 악수를 요청하고 친구 하자고 했다. 지금 생각하면 많이 좋아했나 보다.

그 친구의 영향으로 난 가기 싫었던 교회 생활이 심장 두근거리는 시간이 되었다. 그 친구만 보면 심장이 멎을 것 같은 느낌이었다. 감정이 그렇게 심하게 좋은 기억은 지금까지 살면서 없었던 같다. 어찌 보면 첫사랑에 빠진 느낌! 누구나 한 번쯤 있을 것이다. 그 친구는 알고 보니 재수생이었다. 혼자 고독한 싸움을 하는 애였다. 지금도 생각하니 심장이 떨린다. 너무 좋아했었다.

그러나 난 24시간 그 애만 생각하다 결국은 상사병 같은 병에 걸려버린 것이다. 그러면서 중2 때 밤에 일어난 사건이 오버랩 되면서 아프게 되었다. 고3이 되어 자취하던 친구와 헤어지고 혼자 하숙을 하게 되었다. 그 친구를 좋아하지만 학생이어서 만날 수가 없고 오로지 일주일에 한 번 교회 가는 날

밖에 볼 수가 없었다. 그런 이유로 아마도 상사병이 걸린 것 같다. 너무 심하게 집중을 하다 보니 결국 수업시간에 쓰러져 양호실로 실려 가고 걸어올 힘이 없어 친구 등에 업혀 집에 가기도 했다. 밥은 아예 먹지도 못하고 결국은 하숙집 할머니가 나를 정신과에 데리고 가서 상담을 받게 해주었다. 난 그 정신과 의사에게도 나의 진짜 고민을 말하지 못했다. 교장 선생님의 가르침을 철저히 지킨 것이다. 부끄러워 차마 말을 못 한 것이다. 그때 한참 전교조 때문에 학교에서 데모를 하던 때였으므로 여러 가지로 힘들다고 하고 약을 처방 받고 나왔다.

그 뒤로 나에게는 그 중2 때의 사건이 계속 모든 일에 연관이 되었다. 내가 남자를 좋아하는 것도 죄책감이 들고, 하면 안 되는 것 같고 부끄러웠다. 성 수치심이 아주 심하게 나를 힘들게 했다. 엄마 뱃속에서부터 원치 않은 아이였고, 태어난 후 계속 버림받은 에고가 결국 나를 버리게 된 것이다.

지금은 나와 같은 경험으로 힘들어 하는 사람들에게 좋은 친구가 되어주고 싶은 마음이다. 수많은 여자들이 어릴 때부터 당한 성 경험 때문에 평생 힘들어 한다는 것을 알기에 그 사람들을 위로하고 힘을 내게 하고 싶은 마음이다. 지금은 많이 치유되었고, 자존감도 생겼고, 잘 살아가고 있기 때문이다. 내 주변에 아주 가까운 지인들에게도 이런 고민들이 있다는 걸 알고 나의 경험을 통해 그 마음을 읽어주고 이해해줄 수 있으니까 말이다.

아이의 어린 시절 경험은 이렇게 중요하다. 여러 가지 경험을 통해 기질이 형성이 된다. 어린 시절 어떤 사건이나 사고로 인한 형성된 기질이 평생을 좌우하니 엄마는 그런 순간에 아이에게 좋은 영향을 미칠 수 있게 잘 치유하고 위로하고, 안 좋은 일이 미칠 수 있는 것을 오히려 반대로 생각하게끔 좋은 경험을 한 것이니 안심하도록 해주어야 한다. 헬렌 켈러의 부모님과 앤 설리번 선생님처럼, 우리나라 구성애 선생님의 어머니처럼 말이다.

재능이 없다고 조급해할 필요는 없다

우리 아이의 재능이 뭘까? 난 고민하지 않을 수 없다. 그나마 둘째는 어려서부터 총명해서 걱정이 없는데 큰애는 잘하는 것이 아무것도 없기 때문이다. 하고 싶은 게 뭐냐고 물으면 없다는 것이다. 그것도 그럴 것이 재능이란 타고난 능력과 훈련에 의해 획득된 능력을 말하는데 과연 엄마 아빠의 재능이 뭐란 말인가. 없다. 그러니 아이한테 기대를 한다는 건 욕심이다. 그래서 난 일찌감치 큰애에게는 욕심을 버리기로 했다. 그나마 내가 음악을 좋아하다 보니 아이들에게 항상 음악을 틀어준 것이 영향을 미쳐서 음치 박치는 아닌 것 같다. 그것만으로도 너무 감사하다.

나 역시도 어려서 엄마가 노래를 배우기 위해 남진, 나훈아, 주현미 이런 가수들의 테이프를 장날에 가면 항상 사 오셨다. 그리고 너무 신나셔서 열심히 노래 연습을 하신다. 혼자 하는 것이 아니라 오빠와 나를 동반시켜서 말이다. 오빠에게는 녹취를 해달라고 해서 그 종이를 헤어지도록 노래 연습을 하셨다. 작은오빠는 열심히 녹취를 해 가사를 적어주고 난 하루 종일 엄마랑 같이 그 노래를 테이프가 늘어지도록 반복 재생하여 노래를 불렀다. 그러니 내가 노래를 자연스럽게 좋아하게 되고, 잘하게 될 수밖에 없었다. 그런 면에서 엄마에게 감사를 드린다. 힘든 시기를 음악으로 많이 위로를 받은 것 같다. 모든 장르의 음악을 좋아한다.

둘째는 초등학교 때부터 태권도를 하여 지금 20살이 되었는데도 꾸준히 하고 있다. 각종 대회에 나가 메달도 많이 따고 좋은 성과를 냈다. 거기에 근육을 키워서 봐줄 만하다. 자랑을 하자면 비너스의 몸매 같다. 어제도 난 둘째에게 비너스 몸매라고 칭찬을 해주었더니 은근히 좋아한다. 참 멋지다.

그런데 큰애는 군대 가기 전까지 오로지 게임만 하다시피 했다. 19년을 말이다. 학교는 점심 먹으러 다닌 것 같고 책은 본 적이 없었다. 책을 본 거라고는 내가 엄마의 무릎 학교라고 해서 3개월 때 책을 사서 내 무릎에 앉혀놓고 아이에게 읽어주었던 것이 다인 것 같다. 물론 스스로 읽은 책도 몇 권은 있을 것이다. 그런 아이를 보면서 왜 걱정을 안 하겠는가. 안 한다면 말도 안 되는 것이다.

그러나 기다려보기로 했다. 인생이 앞으로 100년 정도 남았다고 가정해볼 때 20년은 그리 많은 세월은 아니라고 생각했다. 남은 인생 동안 분명히 변화될 것이고 바뀌도록 도와주고 지켜봐주기로 했다. 믿어주면 언젠가는 아이는 변할 것이기 때문이다. 그리 멀리 가지 않아서 아이는 변화되었다. 군대를 전역한 뒤 아이는 여러 가지 이유로 많이 바뀌기 시작했다. 재능이 특별히 없어도 아이는 생각과 마인드가 바뀌면 뭐든 할 수 있기 때문이다.

게임만을 거의 19년간 하던 아이였는데 지금은 돈을 벌기 위해 새벽 5시에 일어나 주유소 아르바이트를 나간다. 너무 대단했다. 전역한 지 3일 만에 친구 아빠 일을 도와주는 아르바이트를 한 적도 있다. 물론 4개월 간 고생하다가 친구 아빠가 너무 힘들어서 그만두라고 하긴 했지만 말이다. 아이가 일이 서툴러서 자기 딴에는 열심히 최선을 다했지만, 친구 아빠의 마음에는 안 들었나 보다. 아이에게 힘들면 그만두라고 했지만 자기는 끝까지 버틸 수 있다고 했다. 결국은 친구 아빠가 스트레스를 받아 해고를 해서 그만둔 것이지 자기는 괜찮다고 했다.

얼마나 대단한가. 난 가구 배달하는 일이 무지 힘들기 때문에 며칠 하다가 그만둘 거라고 생각했다. 그러나 나의 예상을 깨고 아이는 무려 4개월이나 버티고, 본인 의사가 아닌 사장의 해고로 그만둔 것을 보고 놀라지 않을 수가 없었다. 이런 아들을 보고 난 나중에 우리 큰애는 놀라운 일도 할 수 있겠다는 생각을 해보았다.

둘째는 큰 재능은 없지만 한 가지를 꾸준히 하여 실력을 쌓아간다. 초등학교, 중학교, 고등학교, 지금까지. 학교 하교 후 밤 10시까지 운동을 하고 온다. 공연이 있을 때는 며칠을 합숙 훈련까지 하고 온다. 고등학교까지는 학교와 운동만 했다면 지금은 회사 퇴근 후 운동을 하고, 주말에는 또 대학교를 간다. 직장, 운동, 학교 공부 이렇게 세 가지를 소화해내고 있다. 내가 안쓰러울 정도이다. 어린 나이에 너무 열심히 한다. 참 대단하다.

누구나 피아노 잘 치기, 바이올린 연주 잘하기, 그림 잘 그리기, 노래 잘하기 등등 다 똑같을 수는 없지 않은가. 자기 아이만의 재능이 일찍부터 두드러지게 나타나면 좋겠지만 마냥 그렇지만은 않다. 어려서부터 천재, 영재 소리 듣는 아이들은 너무 피곤해 한다. 충분히 놀아야 하는 놀기만 해도 바쁜 아이들에게 부모님들은 얼마나 많은 기대를 하고, 아이를 훈련시키기에 여념이 없지 않은가. 결국은 아이가 스트레스 받고 상처받아 오히려 더 안 좋은 결과를 내기도 한다.

아이는 아이답게 뛰어 노는 데 많은 시간을 할애해야 한다. 원 없이 놀다 보면 나중에는 본인도 미련 없이 미래를 위해 스스로 준비하는 작업에 들어간다. 어려서부터 영재학원이니 영재 수업을 한 아이들은 마음속으로는 지옥을 맛 볼 수도 있다. 물론 다는 아니지만 부모는 아이의 속마음을 모를 수 있다는 것이다.

난 게임에 빠져 있는 아이에게 노트북을 생일 선물로 사주며 열심히 게임하라고 했다. 공부는 못해도 되니 건강하게만 자라달라고 했다. 왜 마음속에 욕심이 없었겠는가. 옆 집 의사 아들 공부 잘하는 거 부럽기도 했다. 그러나 그건 아무런 소용이 없는 것이다. 우리 아이에게 집중하고 아이의 재능이 뭔지 아는 일에 집중하면 되는 것이다. 내 아이는 나의 아들이니까. 다른 아이들과 똑같을 수는 없다는 것이다. 당장 눈에 보이는 재능이 없다고 실망하거나 조급해 할 필요는 없다.

닉 부이치치나 헬렌 켈러를 보라! 그들이 무슨 재능이 있어 보이는가? 그들은 태어나면서부터 너무나도 절망적이다. 정상적인 신체가 아닌 장애를 가지고 태어나거나 정상으로 태어났지만 후천성 뇌척수막염으로 시각과 청각을 모두 잃은 자였다. 이들에게 어떤 재능을 기대할 수 있는가 말이다. 그러나 그들의 삶은 치열하게 열정적이고 이 세상 그 누구와도 비교할 수 없을 만큼 위대한 사람이 되지 않았는가! 세계 모든 사람들이 알 정도로 훌륭한 일을 해온 사람들이다.

닉 부이치치는 행복 전도사이다. 양팔 양다리가 없이 태어났으며 기껏 왼

발, 그것도 아주 작은 발만 있을 뿐이다. 그런 그가 정상인보다 더 많은 일을 하고 있다. 장애를 딛고 정상인을 위한 행복을 전하는 메신저가 되어 세계를 누비고 다닌다는 것이다. 결코 장애가 인간의 능력을 가로막을 수는 없다는 메시지를 전하고 있다. 중요한 것은 마음의 병이 더 문제이다. 특별한 재능이 없다고 답답해 할 것이 아니라 아이에게 행복한 마음을 가지고 살게 하는 것이 더 중요하다. 존재 자체가 소중하고 귀하다는 것을 알게 한다면 그걸로 충분하다.

난 우리 아이들이 아프지 않고 건강하게 행복하게 살고 있다는 것이 가장 큰 행복이다. 이번 코로나로 큰아이는 두 달을 집에서 할 일 없이 놀았다. 난 그 아들에게 이렇게 말을 했다.

"명철이는 좋겠다. 코로나 때문에 푹 쉬어서! 너의 복이니까 만끽해라. 군대 제대하고 놀지도 못했는데 이번에 대신 충분히 쉬는구나. 부럽다!"

두 달을 집에서 푹 쉬는 아들이 부럽기도 하고, 내가 쉬는 것 같은 행복감이 들었다. 자기 애들이 먹는 거만 봐도 행복해 한다는 엄마들의 마음 말이다. 그렇게 두 달을 쉬더니 지금은 새벽 5시에 일어나 아르바이트를 나간다. 정말 기쁜 일이다. 아이를 충분히 놀게 하고 그걸 축복해 주었더니 스스로 일자리를 알아보고 나간다. 맞다. 우리 아이들은 결코 바보가 아니다. 야단

치고 혼내기보다 존재 자체를 인정해 주고 행복하게 살아가도록 응원해주면 어떤 말도 다 수용하고 대화가 되며 자기 인생을 개척해 나간다. 재능이 없다고 절대 실망하거나 답답해할 필요가 없다.

아이를 칭찬하는 법에 대해 알아야 한다

사소한 일도 "잘했다, 잘했다."라고 칭찬해주면, 칭찬 받은 사람은 상상을 초월해서 노력한다. - 필립 브룩스

우리 큰애 유치원 때의 일이다. 두 아이를 키우는 아침은 항상 정신이 없다. 그날도 너무 지치고 힘든 아침이었다. 겨우 준비를 시키고 급하게 화장실을 가서 일을 보는데 큰아이가 현관문을 열어 달라는 것이다. 충분히 열 수 있을 텐데 현관에 앉아서 기어코 열어 달라고 떼를 쓴다. 열어봤는데 안 된다는 것이다. 난 오늘 따라 왜 저러지 하는 마음이 들어 좀 답답했다. 내가 일보다 중간에 나가기도 곤란한 상황이어서 이 위기를 어떻게 모면할까 생각하다가 "우리 명철이는 할 수 있어. 충분히 문을 열 정도로 똑똑해." 하고

칭찬을 해주었다. 그랬더니 아들은 갑자기 화장실로 와서 손을 씻고 나가 문을 열었다. 난 놀랐다. 설마 하고 칭찬을 해 줬는데 자기 손에 로션이 발라져서 미끄러워 문이 안 열린다는 걸 알고 '할 수 있다'는 엄마의 말에 손을 씻고 다시 시도를 한 것이다. 난 칭찬과 격려가 이렇게 아이를 힘을 내게 하는구나 싶은 마음에 새삼 뿌듯했다.

나의 유년 시절은 부모님께는 칭찬을 많이 듣지 못했으나 학교 선생님께는 아주 칭찬을 많이 듣던 아이였다. 지금도 기억나는 일이 있다. 수업 시간에 내가 발표를 잘했다고 담임 선생님께서 나를 업고 교실 한 바퀴를 돌아 준 것이다. 초등학교 1학년 때의 일이다. 지금도 친구들이 가끔 그 얘기를 할 정도로 특별한 일이었다. 그때 나의 기분은 하늘을 날아갈 것 같은 기분이었다. 그 뒤로 줄곧 부반장을 했으며, 전교 부회장을 하기도 했다. 교장 선생님께도 칭찬을 들었다. 세계 어린이 모범상도 받았다. 그만큼 똑똑하고 영리한 아이였다. 헬렌 켈러처럼 선생님을 잘 만난 것이었다. 미술 동양화 대회, 음악 연주 대회, 체육 달리기 대회 등등 모든 대회는 내가 빠지지 않을 정도였다.

그러나 집에서는 특히 엄마는 오빠 둘을 대학에 보내야 하는 부담으로 나의 재능을 키워줄 생각이 없었던 것이다. 그저 그냥 평범하게 살기를 원하셨다. 빨리 상고나 나와서 공장에 들어가 돈 벌어 시집이나 가라고 했다. 유년 시절 아이는 부모의 충분한 지지를 받고 자라도 부족하다. 그런데 예전의 우리네 엄마들은 어려웠던 가정 형편 때문에 딸아이의 꿈과 재능에는 전혀 관심이 없었다. 나 같은 경우 오빠들 때문에 막내인 나는 그냥 잉여 양육을 한 것 같았다. 그러나 그건 절대로 해선 안 된다. 결코 좋은 결과를 기대하기 어렵기 때문이다.

난 엄마의 강요에 절대로 응하지 않았다. 기어코 우겨서 상고가 아닌 인문계 여고를 들어갔다. 그리고 공장에 취직해서 시집이나 가라는 말에도 응하지 않았다. 큰언니 집에서 조카를 봐주다가 친구의 소개로 은행에 취직하여 일을 하다가 또 아는 지인의 부탁으로 의상실 옷 가게 일을 봐주다 결국 생산업체 회사에 취직을 하게 되었다. 6개월을 다니다가 도저히 안 되겠다 싶어 신학교를 다시 알아보고 입학하게 되었다. 물론 등록금, 학비 모두 스스로 해결해야 했다.

회사 기숙사에서 나와 반지하 월세로 방을 얻고 학교를 다니게 되었다. 주간을 가기에는 너무 멀어서 야간을 다니기로 했다. 야간 수업이 끝나면 동대문 새벽시장 내에 있는 매점에서 아르바이트를 했다. 밤 10시부터 담날 새벽 6시까지 하는 일이었다. 밤에 물건을 사러 온 사람들에게 커피와 식혜를 배달하는 일이었다. 첨에는 익숙하지 않아 쟁반을 엎은 적도 있었다. 사람들 틈바구니로 다니기가 쉽지 않았다. 매점 주인 아주머니도 아저씨가 사업에 망해 쓰러지고 아들과 함께 거기서 매점을 하고 있는 분이셨다. 내가 무릎이 아프다고 하면 내 무릎을 잡고 기도를 해주셨다. 나에게 참 잘해주셨다. 난 그렇게 학비를 벌면서 학교를 다녔다. 문제는 가족에게는 비밀로 할 수 밖에 없었다. 알면 당장 또 올라와 나를 잡아갈 것이기 때문이다. 고3 때의 일이 있었기에 한 번 그런 경험으로 실패를 해서 두 번 다시 방해 받고 싶지 않았다.

그러나 혼자의 힘으로 학교를 다닌다는 것이 그리 만만하지 않았다. 돈도 항상 부족하고 월세도 밀리기가 일쑤였다. 한번은 연탄가스에 질식했는지 몽롱한 상태에서 이러다 죽는구나 하는 생각이 들었다. 일어나지도 못하고 한참을 헤맨 적도 있었다. 참 서러웠다. 전에 기숙사 생활할 때 옮은 무좀이 습한 반지하에서 살다 보니 더 심해져서 발바닥이 거의 무좀으로 번져 껍질이 다 벗겨져서 걸음도 절뚝절뚝 걸을 정도가 되기도 했다. 나의 서울에서 반지하 생활은 그렇게 고독하게 쓸쓸하게 혼자 버텨야 했다.

너무 힘들어서 질식하다 깬 후에 엄마가 그리워 1년간 소식을 끊었다가 전화를 해보았다. 엄마는 여태 나의 무소식에 화가 났는지 인연을 끊자고 하면서 전화를 끊어버리셨다. 난 한참을 수화기를 못 끊은 채 이게 현실인지 꿈인지 감이 안와서 내 뺨을 치고 꼬집어보았다. 아무리 서운하다고 자기 딸을 버린 엄마가 있을까 싶어 믿어지지가 않았다. 한참 멍하니 공중전화기 앞에서 있다가 현실을 직시하고 집으로 돌아왔다. 이제 세상에 나 혼자뿐이구나 하는 생각에 한참을 울었다. 엄마가 원망스럽기도 하고 이해가 안 갔다. 사는 게 이런 건가 싶었다. 그래도 나의 꿈을 포기할 수는 없었다.

난 겨우 학교를 마치고 교회에서 사무 간사 일을 하게 되었다. 졸업하고 얼마 안 되어 아버지께서 병환이 깊어져 돌아가시게 되고, 엄마 역시 아버지 돌아가신 후 8개월 쯤 되어서 위암 말기라는 걸 알게 되었다. 언니 오빠들은 엄마를 위해 모두 타지에서 내려와 엄마를 보러 왔다. 그것이 마지막이 되었고, 홀로 남은 나는 엄마를 간호하기 시작했다. 마지막 엄마의 가는 모습을 내가 지키기로 했다. 언니 오빠들은 다들 바빴고 난 다니던 교회 사무 간사 일을 그만 두고 엄마를 지켰다. 엄마는 위암 말기여서 통증이 너무 심해 고통스러워 하셨다.

3개월 사형 선고를 받고 가족 여행도 첨으로 다녀왔다. 최후 수단으로 쑥뜸을 온 가족이 해 주었다. 엄마는 살아생전에 허리 디스크로 많이 힘들어 하셨다. 항상 입버릇처럼 얼른 죽었으면 좋겠다고 하셨다. 내 귀에 딱지가 앉을 정도였다. 결국 엄마는 밤사이 통증을 못 참고, 음독자살을 하신 것이다. 난 그날 밤 엄마를 마지막으로 본 것이다. 새벽쯤 나를 깨워 주물러 달라고 하셨는데 난 한 번 일어나 주물러주고는 두 번째는 그냥 자라고 하며 엄마의 부탁을 들어주지 않았다. 그날 새벽 엄마는 혼자 쓸쓸히 밭으로 가서 농약을 드신 것이다.

엄마가 돌아가신 뒤 심한 우울증이 생겼다. 엄마를 끝까지 지키지 못한 죄책감이 나를 힘들게 했다. 엄마의 말을 무시하고 몰래 혼자 신학교를 다닌 것도 후회가 되었다. 모든 것이 엄마에게 죄송스러웠다. 엄마 아빠를 갑자기 잃고 나니 정말 하늘이 무너진 것 같았다. 뭘 해도 기쁘지 않았다. 부모님 없이 결혼을 하고 아이를 낳았는데 전혀 기쁘지 않았다. 원망스럽던 엄마 아빠였지만 그래도 너무 보고 싶었다. 내 주장만 하고 엄마의 부탁을 들어주지 못한 것이 참 오랫동안 마음에 걸렸다. 그래서 효도를 하라는 것이구나 싶었다.

그래서 난 우리 아이들에게 만큼은 원망의 말을 듣고 싶지 않았다. 아이들이 원하는 대로 하고 싶은 거 하고 살게끔 하고 싶었다. 아이가 행복해야 내가 행복하고 원망 듣지 않으니까 말이다. 부모는 자녀에게 욕심과 이기적인 마음으로 잘하기를 요구하고 강요해선 안 된다. 왜 요즘 패륜아들이 많이 생기겠는가. 자녀들에게 요구하는 건 많은데, 기운을 북돋워 주지는 못할망정 너무 심한 스트레스를 주고 화만 나게 만드니 그러는 것이다. 아이는 항상 칭찬하고 격려를 해줘야 한다. 그리고 행복하게 해줘야 한다. 언젠가는 스스로 사람 구실 할 것이다. 우리 아이들처럼 말이다.

제3장

내 아이에게 꼭 맞는 육아 방법을 찾아라

왜 맘 카페에 나오는 정보는 모두 다를까?

'찍히면 망한다.'라는 맘 카페의 횡포가 만행하는 지금 우리들은 인터넷으로부터 얻은 득과 실에 대해 따져봐야 할 시점에 온 것 같다. 여러 가지 사회 이슈들도 많지만 무엇보다 자녀를 키우는 엄마들의 입장에서 생각을 해본다. 우선 요즘 맘 카페는 순수한 육아를 위한 엄마들의 정보 공유에서 진보하여 여러 가지 정치, 사회 모든 각계각층의 정보 몰이와 선동을 하여 어느 한 분야나 사람, 영업장을 매장시키는 마녀 사냥에 앞장서고 있다는 사실을 알아야 한다.

우리는 인터넷을 통해 수많은 정보를 공유하고 배울 수 있다. 아주 유익하고 편리한 세상이다. 그러나 그만큼의 리스크도 많다. 인터넷 댓글이나 여론

몰이로 억울하게 목숨을 잃은 사람들이 얼마나 많은가. 맘 카페 역시 순수한 엄마들의 아이 양육 문제를 서로 공유하며 해결 하는 데 도움을 받을 수 있는 좋은 공간이다. 그런데 이걸 이용하여 엄마들의 입김을 모아 지역사회의 특징을 악용하여 이익을 보는 수단으로 사용되고 있다는 것이 문제다.

현재 내가 가입하여 활동하는 맘 카페는 다행히 순수한 엄마들의 수다가 거의 대부분이다. 서로 아이를 키우면서 밤새 수유하느라 힘들다는 얘기, 아이 이유식에 대해 궁금하다는 얘기, 아이의 성장 과정을 행복해 하면서 사진을 올리는 등 그야말로 엄마들의 수다, 그리고 생활에 필요한 생필품에 대한 정보, 시댁, 친정 이야기들이다. 참 순수하고 재밌다. 서로 물건이나 음식도 공유하고 나누는 일상의 모든 것을 이야기한다. 물론 아이 키우는 여러 가지 노하우도 나누고 있다. 나이도 다양해서 선배 엄마, 후배 엄마들이 서로 물어보고 가르쳐주는 훈훈한 카페인 것 같다. 엄마들의 놀이터 수준이므로 부담 없이 활동을 할 수 있다. 그러나 요즘 영상을 보면 맘 카페 말 그대로 아줌마들의 모든 것, 즉 할 말 못 할 말 다 하는 무시무시한 곳이 된 것 같다.

수많은 다양한 사람들이 모여 서로 의견을 나누는 곳이기는 하지만 잘못 걸리면 완전 매장이 되어버리는 소상공인들에게는 공포의 맘 카페가 될 수도 있는 사례들이 많다. 아이를 데리고 어느 매장에 갔는데 아이가 가게 주인의 강아지를 괴롭혀서 주인이 말리고 아이에게 주의를 줬다는 이유로 카페에 글을 올려 그 매장을 나쁜 이미지가 심어지도록 한 사례, 어느 커피숍에서 커피를 마시다가 실수로 컵을 깨서 주인의 안 좋은 표정을 보고 기분 나쁘다고 맘 카페에 그 가게 상호까지 거론하며 악성 글을 올려 직접적인 피해를 보게 하여 가게 문을 닫게 하는 일, 또 유치원 교사가 투신자살 한 경우도 있다. 소풍 가서 교사가 돗자리를 접고 있는데 아이가 장난하려고 방해하자 돗자리를 털다가 아이가 넘어져 굴러간 사건으로 엄마와는 합의가 됐는데 이모가 유치원에 찾아가 원장과 교사를 무릎 꿇게 하고 맘 카페에 비방 글을 올려 참다못한 교사는 결혼을 앞두고 투신을 한 것이다. 한마디로 마녀 사냥에 희생이 된 것이다.

이런 일들이 비일비재하다. 과연 진정한 맘 카페의 목적을 어떻게 알고 있는지 의심스럽다. 서로 좋은 정보 공유와 친목을 도모하여 아이 양육에 활력을 목적으로 세워진 맘 카페가 마녀 사냥으로 한 청춘을 희생시키는 일이 벌어진다면 이 맘 카페는 결국 살인적인 사이버 공간이 되어버린 것이다. 이건 아니라고 보인다. 맘 카페가 정답은 아니라는 것이다. 심지어 카페 회원들 신상까지 털어서 임대 아파트에 살면 수준이 떨어진다고 카페 탈퇴까지 요구한다고 한다. 그리고 새로 온 회원의 옷이 후줄근하다고 하면서 신경 써서 옷도 입고 다니라고 한다. 이건 무슨 깡패 집단도 아니고 수준 운운하며 회원을 가려서 나가라 마라 한다니 어이가 없다. 이런 맘 카페의 악질 만행을 사회가 알고 인터넷 사이버 폭행을 근절하는 캠페인이라도 해야 할 필요성을 느낀다. 자기 아이만 소중하고 다른 사람들은 무시하는 사회적 풍조가 어디서부터 시작되었는지는 모르지만 싹둑 잘라야 된다고 생각한다. 엄마들도 맘 카페에 모든 글들을 그냥 사실 확인도 없이 휩쓸려서 남의 소중한 목숨까지 끊게 하는 일이 없었으면 한다. 맘 카페에 너무 의존하는 엄마들 그런 시간 있으면 책이나 더 읽고 자기계발에 더 노력하길 바란다. 무식한 엄마들의 수근거리는 말에 휩쓸리지 않기를 바란다.

난 아이를 키울 때 남의 말에 특히 사이버 공간인 맘 카페에 의존하지 않았다. 익명의 책임 감 없는 사람들의 말에 나의 주관을 내어버리고 거기에 맞춰가며 시간과 에너지를 뺏길 생각이 없었다. 차라리 내 아이에게 더 집중하는 것이 더 현명했다. 내 아이에게 집중하기에도 부족할 판에 남의 의견에 기웃거리고 일관성도 없는 주관적인 의견에 나를 맡기고 싶지 않았다. 설사 좋은 정보가 있다 하더라도 그건 지극히 주관적이고, 그 아이와 그 엄마의 입장에서 좋은 정보이지 내 아이에게는 맞지 않을 수도 있는 것이기 때문이다. 내 아이는 그 아이와 너무도 많이 다르다. 그러므로 남의 의견에 우왕좌왕하지 말고 내 아이에게 집중하자. 남의 아이가 빠르다고 내 아이까지 빠를 수는 없다. 'I am' 이라는 말에 집중하자. 내 아이의 관점에서 나의 관점에서만 정답이 있다.

나는 바쁜 와중에도 새 학년이 되면 꼭 담임 선생님을 뵈러 간다. 우리 아이를 1년간 잘 봐달라는 식의 나만의 규칙이다. 학교를 가서 아이의 담임 선생님을 보고 내 아이의 성격이나 특징, 장단점을 얘기해주면 아무래도 선생님은 1년간 지도할 때 더 이해를 많이 해줄 테니까 말이다. 그래서 학부모 총회는 꼭 가는 편이다. 아이가 공부를 잘하든 못하든 그건 상관없다. 난 아이의 학교생활이 인격 형성에 도움이 되고, 어른으로 성장하는 데 있어 중요한 과정이라 생각하기 때문에 엄마와 선생님과의 유대 관계도 중요하다고 생각했다.

둘째 아이의 공개 수업에 참여하는 날이었다. 우리 아이는 수업에 집중하지 않고, 뒤에 아이와 계속 장난을 치고 있었다. 미처 내가 알지 못한 아이의 태도였다. 아이가 왜 수업에 집중을 못 하고 뒤를 돌아보며 친구랑 장난을 칠까. 많이 생각하게 되었다. 집에 아이가 왔을 때 물어보았다. 엄마가 뒤에서 보니까 선생님이 말씀하시는데 왜 계속 뒤를 보고 친구랑 장난을 쳤냐고. 아이는 엄마가 왔는지 몰랐다고 했다. 그리고 친구가 자꾸 괴롭혀서 그랬다고 했다. 난 아이에게 차분히 가르쳤다. 수업 시간에는 선생님의 얼굴을 쳐다보고 집중해서 잘 들어야 한다고 말이다.

사실 아이의 학교생활을 엄마들은 모른다. 3년 내내 어떻게 친구들과 어울리고 선생님과 잘 지내는지를 한 번도 본적이 없는데 알 리가 없다. 학부모 총회나 공개 수업 때나 겨우 한두 번 보는 게 다이다. 오로지 학교 선생님께 맡기고 의지하여야 하는 실정이다. 그러니 그 한두 번이라도 담임 선생님을 보지 않으면 그야말로 내 아이를 모르는 사람에게 몇 년을 맡기게 되는 상황이다. 맘 카페에 의존하는 것보다 내 아이가 학교생활을 어떻게 하는지 찾아가보는 것이 더 효과적일 것이다.

맘 카페에 나오는 정보는 모두 다르다. 전국에 맘 카페가 수백 개가 넘는데 모두 가입하여 다 들어봐도 정답은 없다. 괜히 좋은 정보 얻으려고 가입하여 활동하다가 오히려 상처 받고 탈퇴하는 일이 허다하다. 문제는 맘 카페 스탭이나 운영진들은 수만 명의 회원을 가지고 있다는 명목으로 너무 함부로 갑질을 한다는 것이다. 남을 죽이고 살릴 수 있다는 협박을 하며 입김을 조장하는 사회 풍토는 막아야 한다는 것이 나의 의견이다. 건전한 맘 카페까지 악영향을 받아 의심스럽게 만드는 일이 없도록 해야 할 것이다. 내 아이에게 맞는 양육법은 따로 없다. 사랑과 관심, 그리고 행복하게 해주는 것이 답이다.

내 아이에게
꼭 맞는 방법을 찾아라

독수리의 새끼 양육법을 아는가? 맹금류인 독수리는 새끼 알을 두세 마리 정도 낳는다. 먹이가 부족한 상황에서는 힘이 센 새끼 독수리는 어린 새끼를 쪼아서 둥지에서 떨어져 죽게 만든다. 이런 상황을 알고도 어미 독수리는 말리지 않는다. 혼자 남은 새끼는 엄마가 잡아준 먹이를 먹고 자라서 나는 연습을 할 때가 되면 어미 새가 아기 새를 물고 높이 올라가서 그 새를 떨어뜨린다. 그리고 새가 날개 짓을 하게 한다. 연약한 날개가 힘이 빠지면 아래로 추락하는데 이때 어미 독수리는 잽싸게 새끼 새를 자기 날개 위로 앉게 한다. 이걸 여러 번 반복하여 어린 새끼가 혼자 날개 짓을 하며 독립을 하게끔 한다. 야생에서 살아남으려면 날개 짓이 생명이므로 어미 독수리는 목숨 거는 이 훈련을 해야 한다.

나는 이 독수리의 양육법으로 아이를 키운 것 같다. 나 역시 엄마에게 이렇게 양육을 받아 자연스럽게 물려받은 것 같다. 이 험한 세상을 살아가려면 강하지 않으면 적응하지 못하고 도태 된다는 것을 무의식중에 인식하고 있었던 것 같다. 난 6, 7세부터 밥하는 일, 반찬 만드는 일 , 방 청소 하는 일, 바닷가에 가서 바지락 캐기, 밭에 마늘 심기, 모내기, 고구마 캐기, 보리타작 등등 쟁기질, 지게질 빼고는 모든 집안일, 농사일을 다 배운 것 같다. 시골에서는 일손이 부족해서 어린아이들도 일을 해야 하지만 우리 엄마는 유독 나를 못 부려 먹어서 안달인 사람 같았다. 내가 놀다 좀 늦게 오면 온갖 욕을 다 하면서 혼을 냈다.

엄마는 4~5시간만 자고 새벽부터 일을 나가셨다. 논일 , 밭일 , 바닷일, 산일까지 사방팔방으로 돌아다니면서 일을 하셨다. 한 번도 집에서 쉬는 모습을 본 적이 없었다. 철이 없던 나는 친구들과 놀기를 좋아했다. 엄마는 놀기만 하는 나를 용납하지 않았다. 무슨 일이든 시키려고 했다.

중학교 1학년 때의 일이다. 단감나무 과수원을 하시던 엄마는 감을 수확할 때가 되면 감을 따서 장에 내다 팔았는데 학교 가는 나를 붙잡고 감을 팔고 가라는 것이다. 난 시장에서 감을 팔아야 했다. 지나가는 사람들에게 감을 팔았다. 너무 창피했다. 우리 엄마는 내가 사춘기이고 새로 중학교를 가게 되어 새 친구들을 만나는 길목에서 감을 팔게 할 정도로 나를 위한 생각은 조금도 하지 않으셨다. 물론 힘이 드셔서 그런 것도 있을 것이다. 오빠 둘이나 타지에서 학교를 보내느라 뼈가 빠지게 돈을 벌어야 한다는 것을, 그러나 난 그런 우리 엄마가 너무 미웠다. 원망스러웠다. 막내딸의 얼굴은 중요하지 않았던 것이다. 난 얼굴에 철판을 깔고 감을 팔아야 했다. 그러나 속으로는 숨어버리고 싶은 마음이 미치게 들었다. 엄마에게 도저히 못 하겠다고 하고 학교에 가야 한다고 핑계를 대야 했다. 엄마는 지각하게 하고 싶지는 않았는지 보내주셨다.

내가 지금 자녀를 키워보니 미운 자식은 없다. 단지 사랑하기 때문에 잔소리도 하고, 혼내기도 하고, 때로는 무리한 요구도 하는 것을 알았다. 그때는 엄마가 원망스러웠지만 지금은 엄마가 나를 강하게 키우려고 그랬던 것이라고 여겨진다. 엄마는 나를 그렇게 어려서부터 훈련을 시키시더니 결국 62세라는 젊은 나이에 세상을 떠나셨다. 엄마의 조기 교육 덕분에 내가 엄마 아빠 없이 결혼도 하고 아이들도 강하게 잘 키운 것 같다.

우리 아이들도 요즘 애들에 비하면 조금은 더 강한 것 같다. 큰애는 22세인데 새벽 5시부터 일어나 주유소로 아르바이트를 간다. 둘째는 고등학교 때부터 회사와 학교를 병행하며 돈을 벌었고, 고등학교 졸업 후 바로 회사와 대학교를 또 병행해서 다닌다. 거기에 밤늦게까지 태권도 운동을 또 하고 온다. 내가 놀랄 정도이다. 아들을 보면 하는 인사가 "얼마나 피곤하니? 얼른 쉬어라."이다. 안쓰러울 정도로 열심히 자기들의 삶을 산다. 초등학교, 중학교, 고등학교를 독수리처럼 키웠다. 마음속으로는 물론 사랑하는 마음이 내재되어 있었다. 하지만 오냐오냐 하면서 키우고 싶지는 않았다. 왜냐하면 어렸을 때 우리 집 옆집 오빠가 나의 이런 양육법을 하게 만든 원인이 되기도 했다.

옆집 오빠는 8남매 중 맏이인데 문제는 아래 동생들이 모두 딸이라는 것이다. 옛날에는 아들! 아들! 하던 시대라서 아들이 한 명이고 모두 7 공주였으니 그 아들이 귀한 건 만인이 다 아는 사실이었다. 그 집안에서도 오로지 그 아들 하나만을 위해 7공주들은 모두 희생해야 했고, 이 귀한 아들은 평생 가족들의 애간장을 녹이는 생활만 하게 된 것이다. 결국 오냐 오냐 하면서 키운 아들이 젤 많이 속을 썩이고 걱정거리가 되었다는 걸 난 알고 있었다. 우리 엄마의 교훈이기도 했다. 귀한 자식일수록 더욱 강하게 엄하게 키워야 한다는 교훈 말이다.

난 아이들을 될 수 있으면 빨리 독립을 시키고자 했다. 정신적인 독립 말이다. 물질적인 건 때가 되어야 가능하지만 정신적인 독립은 얼마든지 이른 나이에 시킬 수 있기 때문이다. 교육은 아이들을 마음으로는 사랑하되 겉으로는 강하게 훈련을 시키면 된다. 독수리는 높은 절벽에서 아기 새를 떨어트려 독립을 시키지만 난 아이들에게 훈계를 하였다. 큰애와 둘째가 좀 다르기에 똘똘한 둘째부터 운전면허 취득할 나이가 되면 바로 취득하라고 중학교 때부터 가르쳤다. 면허를 취득하면 얼마든지 엄마가 차는 사주겠다고 했다. 동기 부여가 되어야 행동으로 옮기기 때문에 옆에 태우면서 간단한 운전의 기본을 가르쳤다. 중학교를 졸업하면 바로 아르바이트를 하라고 했다. 물론 말로 강하게 훈련을 시키기 위한 나만의 방법이다. 아이들은 좀 걱정이 되었는지 고등학교는 다니겠다고 한다. 당연한 말씀, 난 혹여나 애들이 진짜로 고등학교 진학을 포기하면 어쩌나 싶기도 했다. 하지만 아이들은 대충 학교를 놀러만 다니려면 차라리 아르바이트를 하라고 한다는 엄마의 의도를 알고 중학교 때보다 열심히 고등학교를 다녔다.

난 강하게 아이들을 훈육하면서도 다독여줄 때는 맛있는 거 또 원하는 거 사주고, 돈도 주면서 독려를 했다. 아이들이 하고 싶은 게임이나 먹고 싶은 것을 물어보고 해주는 등, 기분 좋게 행복하게 해주려고 노력 했다. 아이들은 나의 바람대로 너무 잘 커주고 있다. 원망만 했던 엄마께 감사를 보내야겠다.

"하늘에 계신 어머니! 저를 강하게 키워주셔서 감사해요. 상처투성이인 저이지만 엄마의 강한 훈육에 아직 버티고 잘 살고 있어요. 어머니, 하늘에서 저의 모습을 지켜봐 주세요! 손자들에게 좋은 할머니가 되어주세요! 어머니의 좋은 기억만 간직할게요! 어머니도 저를 예뻐해주고 사랑해준 적도 있었지요. 얼마나 막막하고 힘드셨으면 저에게 그러셨겠어요. 다 이해해요. 어머니, 마음 편히 계세요! 너무 고생 많으셨어요. 어머니의 고생 잊지 않을게요. 사랑해요. 어머니!"

나의 아이들도 나중에 엄마인 나에게 이런 마음이었으면 좋겠다. 아직 기회가 많으니 만일 내가 상처 준 적이 있었으면 다 용서를 구하고 마음을 위로하며 달래주어야겠다는 생각이 든다. 적어도 나를 원망하지는 않게 하고 가야겠다. 이 책을 쓰면서 하나하나 기억을 되살리며 과거에 아픈 추억이나 상처를 어루만져주고 가야겠다. 우리 아이들은 나를 만나 나에게서 모든 것을 배우고 살아가는데 나라는 인생 선배가 잘 가르치고 올바로 가르쳐줘야 되지 않겠는가 말이다. 많이 부족하고 부끄럽지만 말이다.

내가 만일 좋은 환경에서 좋은 부모 밑에서 잘 자라고, 좋은 대학 좋은 남편을 만났더라면 어땠을까? 물론 행복했겠지. 그러나 이미 그건 남의 이야기이다. 난 현재 있는 것에 감사해야 하고, 주어진 삶에 충실해야 하지 않겠는가. 우리 아이들도 현재 주어진 환경과 부모 밑에서 감사하며 살아가길 바란다. 내 아이에게 꼭 맞는 방법은 바로 엄마인 나이다. 나만이 우리 아이를 가장 잘 알고 가장 잘 맞는 방법을 알고 있다. 아이들에게 부탁의 말을 하고 싶다.

"얘들아, 엄마는 할머니로부터 물려받은 가르침도 너희들에게 꼭 맞게 잘 조절해서 가르쳤으니 이해해주기 바란다. 이 세상에서 너희에게 가장 잘 맞는 방법으로 너희들을 키웠단다. 더 잘 해주고 싶었는데 미안하다. 엄마는 이게 최선이었단다. 잘 커줘서 고맙고 사랑한다."

절대 하지 말아야 할 훈육법

절대 하지 말아야 할 훈육법은 3무라고 생각한다. 엄마라면 누구나 다 잘 알겠지만 실천이 중요하다. 20여 년 동안 아이를 키우면서 나름 사랑하는 아이들을 잘 키우고 싶은 욕심이 있었다. 아직까지 잘 살아가고 있는 아이들을 보고 성공했다고 생각한다. 3무라 함은 무관심, 무대화, 무애정이다. 이 세 가지는 절대 하지 말아야 할 훈육법이라고 생각한다.

난 정신없이 부모님 상을 치른 후 우울증으로 또 정신없이 결혼을 하고 아이를 정신없이 낳아 시어머님께 맡기고 2년 후 둘째를 낳았다. 정말 제정신이 아닌 상태에서 몇 년이 흘러간 것이다. 마음속으로는 아이 양육을 어떻게 해야겠다고 생각한 것은 있었으나 현실은 잘 되지 않았다. 엄마의 그런 마음을 아는지 모르는지 아이들은 시간의 흐름에 따라 자랐다. 어렸을 때는 불만을 표현하지 않았지만 사춘기가 되어서 정신을 차리고 아이들에게 관심을 가지려니 아이들의 입에서 이런 말이 나왔다.

"엄마가 저한테 언제 관심이나 있었어요?"

뒤통수를 한 대 맞는 기분이었다. 아무 말 없이 잘 자라준 것 같았으나 아이들의 마음속에는 엄마가 자기들에게 관심이 있었는지 아닌지를 다 느끼고 있었다는 것이다. 너무 마음이 아픈 말이었다. 철렁 하면서 미안하고 할 말이 없었다. 우리 아이들은 너무 착해서 엄마를 다 이해해주었으나 엄마의 무관심에는 서운했나 보다. 그런 말을 듣고 앞으로라도 아이들에게 좀 더 관심을 가지고 봐줘야겠다는 생각을 했다. 정신없이 나 혼자 살기에 바빴기에 아이들에게는 신경을 많이 쓰지 못한 것이 사실이었다.

깊이 반성하면서 그 뒤로 정말 많이 노력을 하고 아이들에게 사랑과 관심, 대화를 시도했다. 처음에는 많이 어색하고 이상했다. 꼭 남의 아이들처럼 느껴졌다. 아무리 가족이라지만 친해지기 위해 가까이 다가가기가 쉽지는 않았다. 조금씩 조금씩 다가가기로 했다. 아이를 한 번도 안아준 적이 없었다. 한번은 너무 아이들에게 미안하여 꼭 안아주었더니 아빠에게 자랑을 했다고 한다. 엄마가 처음으로 안아줘서 너무 기분이 좋았다고 했다.

대구 지하철 방화 사건으로 수많은 사람들이 희생을 당했을 때, '이런 일이 생길 줄 알았다면 아침에 헤어질 때 꼭 안아주고 보낼 걸….' 하는 어떤 어머니의 한 맺힌 사연을 들었다. 떠난 뒤에 가족에 대한 소중함, 표현하지 못한 후회를 절실히 느끼게 했다. 나 역시 아이들에게 너무 표현을 안 하고 살았다는 걸 깨달았다. 아침에 아이들 학교를 보낼 때 그게 마지막이 될 수도 있겠구나! 라는 생각을 하면 얼마나 소중한 마지막 인사가 되겠는가! 아찔하지 않은가!

난 그 전까지 아침에 아이들이 학교 간다고 나갈 때 쳐다보지도 않았지만, 그 뒤로 현관문을 열어주며 꼭 안아주고 잘 다녀오라고 손을 흔들고 웃으며 배웅을 했다. 아이들이 너무 좋아했다. 난 몸이 허약해서 아침에 일어나지 못했는데 이를 악 물고 일어나서 아이를 배웅하기 시작하였더니 아이들이 엄마의 노력에 대해 반응을 해주었다. 마음의 문을 닫았던 아이들이 마음을 열고 다가오는 것이었다. 나 역시도 애틋한 마음으로 아이의 두 눈을 바라보며 미소를 지어주면 어색해 하던 아이들도 환하게 웃으며 인사를 해주었다. 떠난 뒤에 후회하고 싶지 않았다. 아침에 인사가 마지막이 될 수도 있다는 생각으로 말이다.

남자아이 둘을 키우다 보니 아이들이 엄마와 대화를 잘 하지 않은 편이었다. 물론 아이들은 엄마가 자기들한테 얼마큼 관심을 가지고 있는지 상황 파악을 한 것 같다. 자기 이야기를 들어 줄 상황인지 아닌지 판단한 후 얘기를 꺼내기도 하고 아예 포기를 해버리기도 한다. 내가 정신없이 살던 시절에는 아이들의 이야기를 들어줄 여유가 없었다. 듣고 싶지도 않았던 것 같다. 내가 정신을 차리고 아이들에게 관심을 가지려고 하니 그때서야 아이들도 묻는 말에 대답을 해주고 자기들의 생각이나 평소에 궁금한 것을 물어보기도 했다. 물꼬를 터주니 대답하기 힘들 정도의 질문을 계속 쏟아 부을 때도 종종 있었다. 이렇게 애가 말이 많았었나 싶을 정도였다. 그런 아이를 모르고 우리 애는 말이 없구나! 이렇게 생각했으니 얼마나 큰 오산이었는가! 아이들은 엄마와 대화하기를 원한다. 단지 엄마의 마음속을 살피고 대화할 상황인지를 판단하여 말을 꺼낸다는 걸 알아야 한다.

처음부터 아이들과 대화가 잘 되는 것은 아니었다. 아이들은 게임을 좋아하고 핸드폰만 쳐다보기를 좋아한다고 생각하고 대화를 포기하면 절대로 안 된다. 마음속으로는 엄마가 다가와 말을 걸어주기를 원한다. 게임을 하는 아이는 엄마가 자기한테 관심이 없다고 생각하기 때문에 다른 곳에 빠지거나 엄마에게 관심을 끌기 위해 게임을 한다고 생각을 해야 한다. 게임에 열중인 아이에게 게임 좀 그만 하라고 하는 것은 답이 아니다. 게임하는 아이의 어깨를 살살 주무르며 "어깨 아프지? 좀 쉬어가면서 해라." 이런 식으로 접근을 하면 아이들이 좋아한다. 간식을 주면서 마시면서 하라고 하면 감동을 한다. 게임을 하면서 생각한다.

'우리 엄마가 나를 아끼고 있구나!'

어차피 게임을 하는 아이에게 그만 하라고 하면 서로 스트레스를 받는다. 이왕 하는 거 행복하게 즐겁게 하라고 엄마가 적극 응원을 해주면 아이들도 적당히 하라는 뜻으로 이해한다. 그리고 한마디만 하면 된다. "우리 아들, 게임에 집중하는 모습을 보니 뭘 해도 잘하겠는 걸?" 하고 칭찬을 해주면 아이들은 더 신나서 게임을 하면서 속으로 생각한다.

'내가 잘하는 것이 게임 말고 또 뭐가 있지? 그걸 찾아봐야겠다.'

엄마의 칭찬으로 게임만 하는 자녀의 꿈을 키워줄 수가 있다는 것이다.

어느 마음공부하는 분의 이야기를 들어보라. 온몸에 문신이 그려져 있는 전과 5범의 내담자가 와서 이야기를 했다. 그는 아주 인생을 포기한 채 막무가내로 살아온 사람이었다. 온갖 못된 짓은 다 하는 사람이었다. 그러나 그런 그도 한 가닥의 희망을 가지고 상담을 요청한 것이다. 세상에 나쁜 사람은 없다. 나쁜 환경이 나쁜 사람을 만든다. 요즘 핫한 TV 프로 제목 〈세상에 나쁜 개는 없다〉처럼 말이다.

그 사람의 사연을 들어보니 가슴이 먹먹했다. 그는 어려서 엄마에게 사랑을 받고 싶어 했다. 그러나 엄마가 좋아하는 일을 열심히 해도 엄마의 사랑을 받지 못했다. 옆집 아이가 반에서 일등을 했다고 엄마가 부러워하는 것을 보고 그는 몇 개월 동안 열심히 죽어라 공부를 했다. 그리고 결국 그도 일등이 되어 기쁜 마음으로 엄마에게 달려갔다. 그러나 그날 하필 엄마는 아빠와 싸워 화가 잔뜩 나 있었다. 그는 그것도 모르고 성적표를 보여주며 "엄마, 나 일등 했어요." 하며 엄마가 기뻐해주길 바랐다. 그러나 부엌에서 불을 떼고 있던 엄마는 그 성적표를 아궁이에 쳐넣어버렸다. 일등이 뭐가 중요하냐고 하면서 말이다.

아이는 그날로 집을 뛰쳐나가버렸다. 그리고 두 번 다시 엄마에게 사랑받기 위해 뭔가를 하지 않겠다고 다짐을 했다. 그리고 인생을 포기한 채 복수라도 하듯, 엄마가 자기를 무시하고 버렸던 것에 대해 후회하도록 온갖 나쁜 짓을 했다는 것이다. 5번이나 교도소를 들어갔다 나왔으니 할 말이 없을 정도이다.

그러나 처음부터 그는 나쁜 사람이 아니었다. 엄마의 무관심, 애정과 대화의 결핍이 아이를 이렇게 망칠 수도 있다는 것이다. 그는 나이 50이 넘어서야 자신을 돌아보고, 깨우치고 반성하고자 마음공부를 하려고 상담자를 찾아온 것이다. 얼마나 다행인가!

우리 아이들은 제발 이 사람처럼 무려 40년이란 세월을 망치게 하지 말자. 아직 아이에게 관심이나 대화가 부족하다면 바로 실천하자. 절대로 나쁜 아이로 나쁜 성인으로 만들지 말자. 엄마의 작은 노력이 아이의 미래를 좌우한다는 사실을 잊지 말자. 엄마의 관심과 칭찬이 아이를 건강하고 긍정적인 사람으로 이 사회에 다시 이바지하게 할 수 있다는 것을 기억하라.

아이의 기질과 성격에 맞게 접근하라

이 세상의 모든 부모는 자녀를 훌륭하게 잘 키우고 싶은 마음이 있다. 과연 어떻게 하면 잘 키운 것이고, 또 어떤 어른이 되면 잘 키운 것인가! 아이의 기질과 성격에 맞는 일을 하게 하는 것이 가장 잘 키운 것이라고 생각한다. 포커스는 아이라는 것이다. 과거에 많은 우리 부모들은 자녀의 기질과 성격을 무시하고, 아이가 하고 싶은 것이 무엇인지는 관심 없고, 부모의 욕심을 채우는 데 아이를 이용하는 경우가 종종 있었다.

쉬운 예로 〈강남 스타일〉이란 노래로 전 세계를 떠들썩하게 했던 가수 싸이(PSY)를 보자. 아버지는 철저한 원칙주의자인 사업가로서 아들이 사업을 물려받기를 원했다. 그러나 싸이는 그런 아버지를 닮지 않았다. 놀기 좋아하고 자유분방한 성격으로 자신의 끼를 원 없이 발산 할 수 있는 연예계로 자신의 꿈을 키워 전 세계를 깜짝 놀라게 했다. 더불어 한류의 한 획을 그은 누구나 다 아는 유명인사가 되었다. 아무리 부모가 아이를 자기의 욕심으로 키우려고 해도 자녀의 기질 앞에는 질 수 밖에 없다는 것이다.

또 하나의 실례를 들어보자. 뇌성마비로 태어났지만 세계적으로 유명한 판매왕이 된 빌 포터를 아는가? 어찌 이게 성립이 될 수 있을까 싶다. 나도 영업을 해보았지만 사지 멀쩡한 외모에 말솜씨도 있어야 영업을 할 수 있다는 생각을 가지고 있다. 그래도 영업은 힘들었다. 외모를 아무리 가꾸어도 말을 아무리 열심히 잘해도 영업은 잘하지 못했다. 과연 무엇이 문제였을까! 아직도 모르겠다. 영업은 나랑은 안 맞구나! 하고 포기해버렸다. 그런데 빌 포터는 뇌성마비로 말도 잘 알아듣지 못할 정도로 발음이 어눌했다. 그런데 어떻게 그가 24년 후, 왓킨스사의 판매왕이 될 수 있었을까. 그리고 전 세계적으로 감동을 주며 유명해질 수 있었는지 너무 놀라운 일이 아닐 수 없다.

그는 하루도 빠짐없이 매일 15킬로미터를 걸어 다니며 온갖 수모와 비난을 당하며 인내와 끈기로 버텨냈다. 그럴 수 있었던 원동력은 바로 엄마의 지지였다. 엄마는 아들의 그런 장애를 알았지만 포기하지 않았다. 늦은 나이에 취업을 시켰고, 영업 사원이란 일이 아들에게 얼마나 힘든 일인지 알고 있었으나 끈기 있는 아들의 기질을 발휘할 수 있는 기회로 잡았던 것이다. 그리고 뒤에서 묵묵히 아들을 위해 응원을 해줬던 것이다.

내가 낳은 아이라고 함부로 내 뜻대로 키우거나 내가 원하는 일을 하게 강요해서는 안 된다. 아이의 기질과 성격에 맞는 일을 하게끔 지지해주고 응원해주는 것이 무엇보다 중요하다는 걸 알게 해주는 두 인물의 사례를 들어보았다. 나 역시도 두 아들이 있지만 둘이 완전 다르다. 생김새도 완전 다르고, 성격도 완전 다르다. 그래서 같은 사랑을 똑같이 주면서도 각각 다르게 지도를 해야 했다. 둘째는 나를 닮아 호기심과 하고자 하는 의욕이 넘치므로 뭐든지 하려고 하고, 큰애는 생김새는 나를 닮았는데 성격은 아빠를 닮아 좀 느리다. 그러나 끈기가 있다. 빌 포터처럼 나중에 영업을 권해볼까 한다. 영업은 나이의 제한이 없으므로 끈기만 있으면 언제든지 할 수 있는 일이기 때문에 누구나 도전해볼 만하다.

둘째는 하고 싶은 것이 많아 스스로 알아서 척척 해낸다. 이제 20세인데 매월 급여를 저축하여 결혼 자금을 모으고 있다고 한다. 이미 1년 적금을 깨서 차도 샀다. 내가 굳이 잔소리를 하지 않아도 될 정도이니 참 다행이다. 옆에서 지켜봐주고 적당히 코치만 해주면 된다. 바로 엄마는 박수만 쳐주면 된다. 가끔 실수나 사고를 칠 경우도 있다. 그럴 때는 이렇게 얘기해준다.

"앞으로 인생을 살다 보면 더 큰 일도 있을 수 있다. 이건 아주 좋은 경험이다. 자신을 돌아볼 수 있는 기회로 삼아라."

우리가 살아가는 데 수많은 사람들과 수많은 다양한 직업이 있다. 누구나 존경 받는 일을 하고 싶고, 권위 있는 일을 하고 싶어 한다. 그래서 부모들은 아이가 어릴 때부터 미래의 직업을 위해 수억을 들여 아이 교육에 비용을 아끼지 않는다. 특히 우리나라 부모들은 세계적으로 자녀 교육비에 엄청난 비용을 들인다는 건 다 아는 사실이다. 부모님들의 못 배워 고생한 한을 풀어보기라도 하듯이 말이다.

아무리 가르치고 가르쳐도 아이의 기질과 성격은 벗어날 수 없음을 알자. 아이는 결국은 자신의 기질대로 살아간다. 가르치지 않아도 스스로 알아서 자신의 길을 간다. 부모에게 핑계 댈 수는 없다. 아이 역시 기본적인 과정인 학교를 다 같이 다니지만 머리속으로는 다 다른 생각을 하고 산다. 같은 학교를 다닌다고 다 같은 길을 가지는 않는다. 대학교에서 같은 과를 배운 학생일지라도 각기 살아가는 삶은 모두 다르다. 학교를 중도에 포기하고 검정고시를 준비하는 학생이라고 해서 그 삶의 질이 떨어지거나 낙오된 인생이 아니라는 것이다. 자신의 꿈을 오히려 더 잘 펼치는 사람이 되기도 한다.

결코 아이들을 정규 교육에서 이탈되었다고 해서 포기하거나 낙오자라는 인식을 가지게 하지 말자. 유명인의 자녀라 할지라도 권위 있는 인사의 자녀라 할지라도 꼭 완벽하게 잘하라는 법은 없다. 어차피 이 땅에 태어난 아이들의 소명은 각자 다 가지고 태어난다. 극성맞게 부모들이 요리하지 않아도 된다. 나름의 자신의 삶을 살아가도록 자유롭게 놓아주는 것이 아이들이 마음껏 꿈을 펼치는 데 훨씬 날개를 달아주는 것이다. 우리나라의 정규 교육을 따라 가되 벗어나더라도 질책하거나 강요하는 일은 없었으면 한다. 어쩜 더 훌륭한 일을 하기 위한 발돋움을 하는지도 모른다고 생각하라.

우리가 너무도 잘 아는 에디슨을 보자. 천재는 날마다 학교 가서 배우는 것보다 더 흥미 있는 일을 하고 싶어 한다. 그는 초등학교도 채 다니지 못하고 가정에서 일을 하며 자신이 하고 싶은 것을 하였다. 그가 바로 발명왕 에디슨이다. 누가 그에게 학교도 나오지 못했다고 손가락질할 수 있겠는가! 그보다 더 많은 발명을 한 자가 과연 누가 있는가! 그는 무려 1,000종이 넘는 발명을 하였다. 정말 위대한 인물이 되었다. 우리에게 너무 많은 유익한 것들을 선사해 주었다. 그에게 박수를 보내고 싶다.

우리 아이들도 학교에 흥미를 가지지 않을 수 있다. 오히려 기뻐하자. 물론 속상하고 걱정이 왜 안 되겠는가! 부모 입장에서는 이 사회에 부적응자가 되지 않을까 하는 염려가 될 것이다. 그러나 그런 부모의 염려는 그저 기우일 뿐이다. 기다려주자. 몇 달이고 몇 년이고 기다려주자. 잔소리하고 야단치는 것이 결코 답이 아니란 걸 깨닫자. 현명했던 에디슨의 어머니를 본받자. 학교에 적응을 못 하면 가정에서 가르치고, 아이가 하고 싶어 하는 것을 하게 하자.

가까운 우리 조카들을 봐도 너무 자유분방하게 잘 자라고 있다. 큰오빠는 정치 일을 하고 올케 언니는 병원에서 일을 한다. 그러나 아이들은 전혀 다른 분야의 일을 하기 위해 공부를 하거나 일을 한다. 오빠의 아이들은 모두 대안 학교를 다녔다. 중학교, 고등학교를 모두 말이다. 아이들에게 즐거움과 의욕, 스스로 뭔가를 찾아 할 수 있는 자유를 주니 훨씬 능동적인 아이들이 되었다. 큰딸은 춤을 좋아하여 연예계 쪽을 생각하고 있고, 둘째 딸은 디자이너, 셋째 아들은 의상 쪽에 관심이 많아 의상실을 운영하고 있다. 너무 다양하다. 참 잘 가르쳤다고 생각한다.

바로 이것이다. 부모 입장에서 아이들을 강요하는 것이 아니라 자율을 주어 아이가 스스로 결정하도록 도와주는 것이 바로 부모의 역할이다. 그러기 위해서는 관심과 사랑 그리고 많은 대화가 필요하겠다. 그리고 지켜보는 것. 뭘 잘하는지 뭘 좋아하는지, 그걸 하게 하는 조력자가 되어보자. 모두가 다 훌륭한 아이로 키울 수 있을 것이다. 아이의 기질과 성격대로 장래를 잡아가도록 이끌어주고 믿어주고 응원을 하는 것이 바로 부모의 역할이라는 것을 명심하자.

나는 아이의 자존감을 키워주는 엄마일까?

아이의 자존감은 엄마의 자존감의 위치와 함께 간다. 자존감이 낮은 엄마는 아이에게 높은 자존감을 심어주기가 힘들다. 심어줄 수도 없다. 내 자신이 존재의 가치를 느끼지 못 하는데 어떻게 아이들에게 자존감을 심어줄 수 있겠는가! 그건 참 힘든 일이다. 나 역시도 막 결혼해서 아이를 낳을 때까지는 자존감이 그리 높지 않았다. 최하위에다가 우울증까지 있어서 아이에게 최악의 엄마가 되었다. 그런 걸 아는지 모르는지 시어머니는 아이를 키워주겠다고 데리고 가셨다.

난 나의 정체성이 무엇인지도 몰랐고, 정체성 자체를 생각해보지도 못했다. 난 내가 먼저 정상적으로 온전한 상태가 되는 것이 우선이었다. 그래서 미술 심리 치료도 받고, 멘토를 통해 많은 정신적인 공부를 했다. 정체성을 찾아 가려고 많이 애를 썼다. 몇 년을 그렇게 노력한 뒤 내 자신에 대해 소중함을 몸으로 마음으로 가슴으로 느끼고 체험하니 아이들에게 다가가는 마음의 자세가 180도로 달라졌다. 내가 소중하고 나를 사랑하고 행복해지니 아이들도 행복하게 해주고 싶고, 사랑하게 된 것이다. 아이에게 자존감을 키워주기 위해서는 무엇보다 엄마가 먼저 자존감을 키우는 것이 우선순위이다.

우리나라의 자살률은 OECD 국가 중 13년째 1위를 달리고 있다. 그리고 청소년들의 자살률 역시 10년째 가장 많은 사망 원인이 되고 있다. 이건 우리나라의 가장 큰 병폐이다. 과거보다 의식주 해결이 잘 되고 있음에도 불구하고, 왜 우리 자녀들의 자존감은 이렇게 낮아지고, 삶을 포기하는 아이들이 많을까? 많은 생각을 하게 한다.

이러한 이유들 중의 하나는 우리 부모들의 의식 수준이 아직은 성숙한 의식이 아니라는 것이다. 오래된 관습이나 유교 사상 등이 여자들의 열등감을 가중시키는 원인이 되고, 이런 현상은 자녀를 낳고 기르는 데 영향을 미친다고 볼 수도 있다. 부모에게 딸이라는 이유로 소중함을 받지 못하고, 자라서 결혼하여 남편에게 사랑받지 못한 아내들, 시어머니께 사랑받지 못한 며느리. 이런 환경의 연속에서 자녀에게 온전한 사랑과 인정, 행복감을 심어주기가 쉽지 않다는 것이다.

나 역시도 태아 때부터 사랑받지 못한 상태에서 태어나 막내인 데다 여자 아이로서 엄마에게는 그냥 덤으로 키우는 듯한 양육, 그리고 버림받은 느낌을 받고 자라서 결혼도 부모님 축복 속에서 한 것이 아니라 부모 없이 도피의 결혼을 했고, 결혼생활 역시 지옥 같았으니까 아이에게 자존감을 심어주기가 어려웠다. 시어머니도 부모 없는 며느리라고 좋아하지 않았다.

나 스스로가 지옥 같은데 어떻게 아이에게 좋은 마음이 갈 수 있겠는가. 머리로는 사랑을 줘야 된다는 걸 알지만 그것이 쉽지 않았다. 실천이 되지 않았다. 남편과 원만한 가정생활이 안 되니 아이에게 화풀이하게 되고, 아이들은 또 버림받은 느낌이 들게 된다. 그러니 엄마가 가장 먼저 의식을 깨우치는 것이 가장 중요하다. 살아온 과정에 젖어서 흘러가는 대로 살아가면 또 다른 나를 만드는 것밖에 안 된다. 적어도 아이들에게는 나의 그런 낮은 자존감을 물려주지 말고 온전한 자존감을, 이왕이면 높은 자존감을 키워주는 것이 최소한의 엄마가 해야 할 의무가 아닌가 싶다.

이건 비단 엄마들만의 문제는 아니다. 학교 선생님들이 우리 아이들의 성장 과정에서 얼마나 많은 시간을 책임지고 있는가! 유치원, 초등학교, 중학교, 고등학교 총 15년 정도를 아이의 자존감 형성에 관여를 한다. 난 다행히 초등학교 때 시절이 가장 행복했던 것 같다. 집에서는 대우를 받지 못하고 살았지만, 학교에서만큼은 두 오빠들의 인기로 그 동생이라는 장점이 있었고, 나 역시도 다른 애들에 비해 아주 우등한 아이였던 것 같다. 모든 대회란 대회는 모두 내가 섭렵했으니까 말이다. 학예회 발표 때에는 사회, 합주회 지휘, 마술 대회, 총 서너 가지를 도맡아서 했고, 교외 대회 중 육상, 미술, 연주회 등 모든 대회는 내가 빠지지 않았다. 그리고 교내에 웅변대회, 글짓기 대회, 달리기 대회 등등 모든 대회 역시 내가 우승을 차지했다. 그러니 인기가 얼마나 좋았겠는가! 중학교를 들어가기 전까지 나의 자존감은 아주 양호했다.

중학교를 들어간 후 나의 자존감은 곤두박질을 치기 시작했다. 여러 가지 사건 사고가 그렇게 만들었다. 심지어 엄마는 중학생이 가지고 다니는 가방을 사주지 않고, 초등학교 때 가지고 다녔던 가방을 가지고 다니라고 했다. 난 멜빵을 풀어 하나로 연결해서 한쪽 어깨에 메고 다녔다. 물론 창피했다. 짓궂은 친구는 놀려댔다. “야~ 쟤는 국민 학교 가방을 들고 다닌다. 넌 아직도 국민학생이냐?” 하면서 말이다. 난 얼굴이 빨개졌지만 엎드려 울 수가 없었다. 자존심이 상해서 따져야만 했다. 처음 반이 배정되어 얼굴도 모르는 사이였지만 당하고만 있을 수 없었다. 그래서 이렇게 말했다. “야! 가방이 뭐가 중요하냐! 가방 안에 책이 중요하지.” 하면서 말이다. 그 친구는 아무 말도 못했다. 그나마 초등학교 때 가지고 있었던 자존감이 상대를 멋지게 해결해주었다.

나중에 보다 못한 담임 선생님께서 나를 조용히 부르시더니 방과 후 선생님 집으로 들르라는 것이었다. 영문도 모르고 갔더니 선생님께서 중학생이 들고 다니는 가방을 주시며 여동생이 중학교 때 사용한 가방인데 깨끗한 거니까 나보고 사용하라는 것이었다. 난 너무 기분이 좋았다. 솔직히 중학생들이 사용하는 가방이 너무 들고 다니고 싶었던 것은 사실이었다. 그렇다고 해서 국민학생 때 메고 다니던 가방이 아주 싫은 것은 아니었다.

그때까지만 해도 내 자신이 너무 당당하고 자신감이 넘쳤기 때문에 남의 눈이 그렇게 신경 쓰이지 않았다. 그렇게 중학교 생활이 삐그덕삐그덕 거리며 지나가다 나에게 여러 가지 시련들이 닥치면서 난 한없이 바닥을 치고, 나락으로 나의 자존감이 무너져내리고 땅 속으로 기어들어갔다. 이런 생활로 인해 점점 열등감에 사로잡히게 되고, 모든 것이 부정적인 시선으로 다가왔다. 고등학교 때 전교조로 인한 학교 선생님의 파면, 공부할 시간에 데모를 해야 했고, 짓다가 만 학교라서 운동장도 없이 높은 비탈길을 걸어 올라가야만 하는 고통의 연속이었다. 남들은 꿈 많은 여고 시절이라고 노래를 하지만 나에게는 악몽 같은 여고 시절이었다.

이렇듯 한 사람의 자존감이 온전히 키워지기까지는 혼자 스스로 키워지는 것이 아니라 모태에서부터 한없는 엄마의 애정 어린 태교와 태어난 후 부모의 사랑과 학교생활에서의 선생님의 태도가 아이들의 자존감을 형성시키는 데 거의 대부분을 차지한다고 봐야 할 것이다.

유치원 2~3년, 초등학교 6년, 중학교 3년, 고등학교 3년 총 15년을 가르치기 때문에 한마디 한마디가 성장기의 아이들에게 얼마나 많은 영향을 미치는지 항상 생각하고 한 아이의 장래가 달려 있다는 생각으로 지도를 해야 한다. 한 사람이 사회에 이바지할 수 있는 영역은 무궁무진하다. 반면 한 사람이 사회에 미치는 악영향 또한 어마어마하다. 모두 부모로부터 받은 무시, 무관심 그리고 학교 선생님에게 받은 무시와 무관심이 한 사람의 낮은 자존감과 열등의식을 형성하게 만들어 미래를 극과 극으로 만들 수 있다는 것을 명심 또 명심해야 할 것이다.

우리나라 사람들의 전체적인 행복지수는 매우 낮다. 선진 문화를 향유하고 있음에도, 서로 비교하고 비교 당하면서 생성된 낮은 자존감과 열등감이 우리 스스로 굴을 파고 들어가게 만들고 있는 것이 현실이다. 나 역시도 훌륭한 멘토를 만나지 못했더라면 아직도 열등감에 사로잡혀 아마도 엄마처럼 자살을 하지 않았을 까 싶다. 실제로 임신해서 자살을 여러 차례 시도하기도 했으니 말이다. 지금 생각하면 그때 참 잘 견뎌냈구나 싶은 마음이다. 우울증에 삶의 의욕이 전혀 없었고, 지옥 같기만 했으니 말이다.

나부터 변하자. 오래된 관습이나 비교의식, 좋지 않은 사고방식은 모두 타파하고 관점을 내 안의 나를 향해 보자. 내 안에 나는 잘 살고 있는지, 내 안에 나는 건강한지, 내 안에 나는 행복한지. 남과 비교해서 좋은 것이 아니라 가장 나다운 것이 가장 소중하고 이 우주에서 나 하나밖에 없음에 자랑스러워하고, 아무 능력이나 뛰어난 재주가 없더라도 내가 소중하다는 걸 깨닫자. 또한 나를 이 우주에 단 하나의 보석처럼 여기고 가치를 부여하자. 난 백 조 원의 가치를 가지고 있다고 외쳐보자. 돈으로 환산을 하면 좀 더 구체적인 나의 가치를 알 수 있을 것이다. 그리고 행복하자.

이 세상에 내가 가장 소중하고 또한 내 자녀들이 가장 소중하고 그다음에 내 이웃, 사회, 이 지구촌이 소중하다는 것을 잊지 말자. 난 나의 아이들에게 높은 자존감을 심어주고 있는지에 앞서 나 스스로 어떠한지 먼저 따져보고 점검해보는 이 시간이 되었으면 한다.

제대로 된 훈육이 아이를 성장시킨다

요즘 한참 뜨는 〈미스터 트롯〉의 정동원 군을 아는가? 그는 현재 14세인데 전국을 떠들썩하게 인기 몰이를 하고 있다. 단지 노래를 잘해서뿐만이 아니다. 그는 태어난 지 얼마 되지 않아 엄마가 집을 나갔고, 할아버지 손에서 자랐다. 보통 할아버지 할머니한테 자란 애들은 마냥 귀여움을 독차지하며 막무가내로 고집을 피워도 오냐오냐 마냥 예뻐해주는 부분 때문에 철부지로 자랄 수 있다. 그런데 동원 군은 그런 일반 아이들과는 달리 제대로 된 훈육을 받고 자란 아이처럼 너무 대견하고 어른스럽고 겸손하며 그 나이에 비해 성숙한 모습을 보였다. 어쩜 어른보다 더 어른스런 모습이 전국의 엄마들의 마음을 사로잡은 요인이 아닌가 싶다.

그런 아이를 있게 한 할아버지가 주목된다. 동원 군은 노래할 때마다 할아버지를 언급하며 자기가 이렇게 멋진 가수가 될 수 있는 비결을 할아버지께로 돌렸다. 그가 무대에 오르면 눈물부터 나온다. 노래하는 내내 마음을 사로잡아 그 시간에 푹 빠지게 만든다. 감수성도 너무 풍부하고, 음정 박자도 물론 깨끗하고 무엇보다 노래에 한과 감정이 실려 보는 이의 마음을 감동시킨다.

동원 군은 나이는 어리지만 내면은 완숙한 토마토처럼 잘 익은 성숙한 성인과 같다. 혼자 스스로 그렇게 자랐을까? 아니다. 그 곁에서 할아버지의 섬세한 교육이 결코 무시할 수 없는 부분이다. 난 우리 아이를 훈육함에 있어서 얼마나 제대로 잘 키웠는지 되돌아본다면 참 많이 부족하다는 생각이 든다. 동원 군처럼 엄마 아빠가 없어도 잘 자라도록 키웠는가! 부모가 없어도 저렇게 잘 자라날 수 있다는 것은 아이는 어엿한 하나의 독립체라는 것이다. 누가 키워도 저렇게 잘 자랄 수 있다는 것이다.

동원이의 할아버지는 부모 없는 아이를 혼자서 키울 때 얼마나 사랑스럽고 귀여웠을까는 말하지 않아도 다 알 것이다. 그러나 아이를 마냥 철부지로 키운 것이 아니라 아이의 재능을 살려주고 얼마든지 꿈을 키울 수 있도록 최선을 다해 환경을 만들어주었고, 훌륭한 인성을 갖출 수 있도록 인성 교육과 더불어 살아가는 방법까지도 빠지지 않고 교육을 시켜주었다. 살아가는 지혜 또한 어른 못지않게 갖추도록 말이다. 동원이의 할아버지가 참으로 존경스럽다. 마지막 유언으로 모든 일에 최선을 다하는 동원이가 되길 바란다고 하신다.

우리 직원 중에 한 명은 독실한 기독교인으로 트로트나 대중가요를 아주 싫어했다. 그런데 〈미스터 트롯〉 동원 군에게 푹 빠져서 시간만 나면 핸드폰을 들고 와서 동원이 유튜브를 보고는 훌쩍훌쩍 거리며 좋아요, 구독을 누르곤 한다. 나이가 많아서 잘 모른다며 어떻게 하면 되냐고 나에게 물어보면서 말이다. 예전에는 상상도 못할 일이었다. 금요일에 노래 교실 프로그램이 싫어서 쉬는 날로 정해놓고 나오지도 않는 사람이 이제는 숨 쉬는 시간 빼고는 오로지 동원이 트롯트만 듣고 있다. 이렇듯 어린 나이지만 나이 많은 어른들을 감동시키며 푹 빠지게 할 정도로 매력을 가지고 있다.

나 역시도 동원 군에게 많은 것을 배운다. 나보다도 인격 면에서 겸손이나 남을 배려하는 마음, 삶을 대하는 태도가 훨씬 낫다는 걸 느낄 정도니까 말이다. 훈육하는 자가 얼마나 제대로 훈육하느냐에 따라 아이는 저렇게 부모에게 훈육 받은 애들 보다 더 훌륭하게 자랄 수 있다. 동원 군은 할아버지를 어떻게 생각하느냐고 물으니 본인의 심장이라고 했다. 우리는 우리의 아이에게 과연 자신의 심장이라는 소리를 들을 수 있을까 한번 생각해보길 바란다.

우리 큰애도 태어난 지 1년이 되자마자 할머니께서 시골로 데리고 가서 키워주셨다. 할아버지 할머니의 사랑을 받고 자란 아이인지라 확실히 남을 배려하는 마음과 여유가 있다. 작은아이에게서는 볼 수 없는 모습이다. 그리고 엄마 아빠를 생각하는 마음이 참 기특하다. 아르바이트를 해서 첫 월급으로 아버지가 원하는 10만 원이 넘는 자전거를 선물해주었다. 엄마에게도 원하는 것이 뭐냐고 물으며 선물해주겠다고 한다. 난 이런 것이 자식 키우는 맛이구나! 하며 감탄을 했다. 둘째는 자기 인생 살기 바빠서 돈이 생기면 자신을 위해 모두 사용한다.

난 아이를 할머니 댁에서 데리고 와서 키울 때 적응이 안 되어 많이 힘들었다. 확실히 엄마가 키우는 것과 할머니한테서 자란 아이의 성격은 차이가 있었다. 난 나의 성격대로 아이가 자라주지 않은 것 같아서 너무 속상해 했다. 할머니께 맡긴 것을 후회하기도 했다. 그런데 어떻게 보면 꼭 그런 것만은 아니라는 것을 이제 와서 깨닫게 된다.

과거에 우리나라 가족은 3대가 같이 사는 대가족 제도였다. 그 시절에는 참 많이 할아버지의 훈육이 무서웠고 조심해야 했다. 예의범절이 철저히 지켜지는 원인이 되었다. 그런 시절에는 학교에서 왕따를 시키거나 힘들어 자살하는 일은 거의 없었다. 그러나 요즘 핵가족화 시대에는 자녀 또한 한 명이나 두 명이어서 버릇없이 이기적이기도 하고, 할아버지 할머니의 깊은 사랑을 모르고 자란다. 오히려 고부간의 갈등으로 사이가 안 좋다 보니 1년에 한두 번 할아버지 할머니를 보게 된다. 그러니 아이들이 자기 밖에 모르고 어른을 무시하며, 심지어 학교 선생님도 무서워하지 않는 행태를 보인다.

나의 상황을 본다면 외할아버지 외할머니는 계시지 않기 때문에 우리는 명절이면 시댁에 주로 간다. 아쉽기도 하다. 그리고 시부모님 기념일에는 온 가족이 모인다. 몇 년 전에는 시아버지 칠순에 시댁 식구들 모두가 모여 가족 여행을 갔다. 3대가 모인 셈이었다. 한 명도 빠짐없이 총 16명이 말이다. 2박 3일을 거제도, 외도를 여행하며 펜션에서 숙박을 하며 즐겁게 보내고 왔다. 걸음이 불편한 할아버지와 하필 무릎 수술을 하신 할머니의 휠체어를 번갈아가며 밀어드리면서 여행을 했다. 물론 힘은 들었지만 많이 마음이 따뜻하고 부자가 된 기분이었다. 아이들도 역시나 너무 즐거워하며 행복해 했다. 할아버지 할머니와 가까워지고 사랑받으며 왠지 모르는 뿌듯함을 느끼는 것 같았다.

아이들은 훌륭한 부모도 중요하지만, 할아버지 할머니의 사랑도 필요하다는 걸 깨달았다. 조부모의 사랑을 받고 자란 아이들은 결코 삐뚤어질 수 없겠구나 하는 생각이 들었기 때문이다. 난 가끔 시부모님께 전화를 걸면 꼭 아이들에게 전화를 바꿔주곤 한다. 인사를 시키며 안부를 묻게 한다. 이런 것이 바로 어른을 향한 공경을 가르치는 것이라 생각한다.

이뿐만이 아니다. 〈트로트가 좋아〉라는 프로그램에 나왔던 조명섭 군 역시 할머니에게서 자란 아이이다. 어려서부터 부모의 사랑을 받지 못했다. 그러나 할머니의 지극한 사랑으로 우울증을 극복하고 훌륭한 성인이 되어 멋진 가수가 되었다. 기존 유명 가수들이 탄복할 정도의 실력과 인성을 갖춘 가수 말이다. 어쩜 그리 품격 있는 인격을 갖추었을까 싶을 정도로 한마디 한마디가 감동을 주는 인간미가 넘치는 멘트들이다. 그 역시 할머니의 제대로 된 훈육이 그 비결이 아닌가 싶다. 어떤 유명인이든 그 재능과 함께 그의 인성이 눈부시게 돋보이는 사람이 모든 이에게 귀감을 주고, 감동을 주는 것을 볼 수가 있다. 그는 사랑이 많고, 또 마음이 따뜻하고 아픈 사람을 치유해줄 수 있는 의사 같은 가수가 되고 싶다고 우승 소감을 말했다. 정말 훌륭한 마음의 소유자가 아닌가 싶다.

우리는 우리 아이들을 학교 공부 성적이나 재능 키우는 데에만 모든 시간과 돈을 투자하기에 바쁘다. 그러나 그것에 앞서 먼저 제대로 된 인성 교육이 우선이라는 것을 깨달아야 한다. 인기라는 것은 결코 그 사람의 인성을 배제해서는 있을 수 없기 때문이다. 인기 있는 연예인들만 봐도 알 수 있지 않은가?

정상에 오르는 연예인들이 한순간에 추락하는 것을 많이 본다. 결국은 그들의 인성이 바닥을 보이거나 가식적이었던 겉모습이 벗겨지고, 속을 보게 되었을 때 팬들은 실망하며 뒤도 안돌아 보고 비난을 쏟아 붓는다. 좋아할 때는 언제고 돌아서기도 순식간이다. 오래도록 꾸준한 인기를 유지하는 사람도 있다. 아주 멋있는 인성을 가진 분들이 대부분이다. 오래될수록 진국인 사람 말이다. 인기를 끌면 끌수록 더 겸손해지고 펜들에게 더 감사함을 가지고 열심히 사랑을 나누고 베푸는 그런 사람이다. 우리는 우리 아이들의 미래를 위해서 평가중심의 교육이나 훈육이 아닌, 결과 중심의 교육이 아닌, 과정을 중요시하며 무엇보다 인성이 제대로 된 아이로 훈육하는 것이 우리 사회의 밝은 미래를 위한 길이라고 믿는다.

참을 수 없다면 똑똑하게 화내라

부모라고 해서 다 완벽하지는 않다. 화나면 아이들에게 화풀이도 하고 짜증을 부리기도 한다. 그 부모에게도 무의식 속에는 아직 자라지 못한 어린아이가 있기 때문이다. 어린 시절 상처받고 치유 받지 못한 상태에서 그대로 묻혀버린 것들이 사라지지 않고, 그대로 그때 그 시절 사건이 똑같이 생기면 그때 받았던 상처가 트라우마로 다시 나타난다. 그러니 우리 아이들에게는 그런 아픔이 트라우마가 생기지 않도록 잘 가르치고, 화가 나더라도 상처 받지 않도록 똑똑하게 지혜롭게 화를 내도록 하자.

아이를 키우다 보면 화를 낼 수밖에 없는 상황들이 아주 많이 생긴다. 이럴 때는 감정이 시키는 대로 막 뱉어내면 후회를 하게 된다. 아이에게도 씻을 수 없는 상처가 되기도 한다. 나 역시도 어린 시절 아버지께 제사상 차리다가 빰을 맞은 일, 감나무 밭에서 엄마의 일을 돕다가 엄마의 부름을 못 듣고 도와주지 못해 엄마에게도 솔 나무로 빰을 맞은 일, 부모 몰래 혼자 신학교를 다닌다고 1년간 명절에도 찾아가지 않아 급기야 인연까지 끊겠다는 엄마의 청천병력 같은 말이 씻을 수 없는 상처가 되어 많이 힘들었다. 난 적어도 아이에게 큰 상처가 되는 말은 하고 싶지 않았다. 속으로는 욕이 나와도 참고 좋은 말을 하도록 노력했다. 일단 화가 나서 아이에게 언성을 높여 말하게 되더라도 결국은 너를 위해서 너를 사랑해서 하는 말이라는 걸 알게 했다.

예를 들어 편식을 하는 아이에게 싫어하는 음식을 먹게 하려고 할 때 아이는 엄마의 마음을 모르고 싫어하며 거부를 한다. 이럴 때 속에서는 화가 나고 잔소리가 나온다. 그러나 내가 왜 아이에게 야채를 먹이려 하는지 아이를 사랑하니까 그러는 건지 다른 이유가 있는지 생각하고 나 스스로 감정을 정리한 후 따뜻한 말로 아이를 설득한다. 아이는 엄마의 강요에 버림받은 마음이 들어 상처를 받을 수도 있으니 말이다.

"엄마는 네가 음식을 골고루 먹어서 건강하기를 바란다."

이렇게 말을 한다. 그리고 진정 아이가 원하는 음식을 다시 해준다. 사랑받는 느낌을 가지게 하는 것이 먹기 싫은 야채를 먹이는 것보다 결과적으로 더 낫기 때문이다. 아이가 상처를 받으면서까지 억지로 먹기 싫은 음식을 먹으면 오히려 독이 되기 때문이다. 나도 모르게 화를 냈다 하더라도 나중에는 화를 거둔 후 아이를 위한 것이라는 걸 꼭 알게 하는 것이다. 그러면 상처로 힘들어 하던 아이도 엄마의 사랑을 느끼며 위로를 받는다.

난 끝까지 엄마 아빠에게 위로의 말이나 사과를 받지 못하고 이별을 하게 되었다. 물론 성인이 되어 스스로 치유를 해야 했다. 평생 상처가 되는 말들은 살아가면서 수많은 일들, 사건 사고에 연관되어 또 다른 상처를 받게 되었다. 트라우마를 치유 받기 전까지는 무의식 속에 기억하고 있다가 순간순간 건드린다. 그러니 아이에게 화를 낸다면 똑똑하게 화를 내고, 분명히 화를 낸 이유가 아이를 사랑하기 때문인 것을 알게 하라는 것이다. 물론 나도 깨닫지 못할 때는 아이들이 나의 화풀이 대상이 될 때도 있었다. 내가 온전하지 못하니 감정을 있는 그대로 퍼붓는 식의 화를 내고 혼을 냈다. 깨닫고 보니 내가 얼마나 아이들에게 상처를 많이 줬는지 알 수가 있었다. '인간은 죽을 때까지 배워야 한다.'라는 말이 맞다는 생각이 든다.

요즘 아이들 치고 컴퓨터 온라인 게임 싫어하는 아이들은 거의 없다. 우리 아이들도 그렇고 그 친구들도 역시나 마찬가지다. 그런 아이들을 키우는 부모들 세대에는 좀 이해하기가 힘들다. 우리들은 그런 게임에 익숙하지 않기 때문이다. 우리는 어려서 온라인 게임보다 친구들과 고무줄놀이나 공기놀이, 줄넘기, 재기 차기, 종이 인형 놀이, 숨바꼭질 등 주로 밖에서 뛰어 노는 놀이를 했기 때문이다. 그런데 요즘 아이들은 그럴 수가 없다. 도시 속에서 사는 아이들은 기껏 해야 아파트 단지 내에 있는 놀이터가 다이기 때문이다. 그래서 차라리 온라인 속에서 게임을 즐길 수밖에 없다. 부모가 날마다 자연으로 아이들과 함께 나갈 수도 없는 현실이다. 그러니 아이들에게 놀이 문화를 온라인 게임에 빠지게 할 수 밖에 없는 것이다. 이런 상황에서 아이들에게 게임을 못하게 하는 것보다 이왕 하는 거라면 즐겁게 하도록 해주는 것이 낫다.

TV 교육 프로그램 중 〈달라졌어요!〉를 보니까 아들이 20대인데 직장을 나가도 며칠을 못 견디고 그만두고, 거의 24시간을 온라인 게임에만 열중하는 것을 보고 참다못한 엄마가 인터넷을 끊어버렸다는 사연이 있었다. 이유는 게임 중인 아들이 엄마의 전화를 못 받았다는 것이었다. 그러자 아들은 화를 참지 못하고 엄마에게 욕설을 퍼부으며 안방에 있는 엄마 아빠가 보는 텔레비전을 방바닥에 내동댕이치면서, 게임 못 하게 하니까 엄마 아빠도 TV 보지 말라며 자기 방문을 쾅 닫고 들어가버리는 것이었다. 이 광경을 본 엄마는 아들의 화난 모습에 충격을 받고 울면서 아빠가 오면 또 난리가 날 텐데 어떻게 해야 할지 모르겠다며 깊은 한숨을 쉬며 절망을 하는 것을 보았다.

정말 안타까웠다. 그 엄마는 분명 아들을 위해서 그랬을 것이다. 아들이 게임에만 열중하여 사회생활을 못 한다고 생각하고 어떻게든 게임을 못 하게 하려는 마음이었을 것이다. 그러나 결과는 아이를 더 화나게 만들었고 더 안 좋은 사이가 되어버린 것이다.

그리고 아빠가 퇴근하여 텔레비전이 고장이 난 것을 보고는 화를 내며 담배를 피우는 것이다. 이 아빠는 이미 아들을 포기한 듯싶었다. 더 이상 아들에게 잔소리를 하고 싶은 마음도 없다고 했다. 아들은 그런 아빠가 더 자신을 게임에만 열중하게 만들었다고 한다. 아빠가 자기를 포기하고, 관심도 없다는 것을 알고 있었다. 그래서 아빠가 와도 인사도 안 하고 게임만 했다는 것이다.

알고 보니 어려서부터 아이의 부모가 맞벌이를 하면서 아이는 할머니한테서 자라고 부모의 따뜻한 사랑을 받지 못하고 부정적이며 불안한 정서로 자라왔던 것이었다. 점점 내성적으로 자라면서 적응을 못하고 혼자 놀아야 했다. 그러면서 게임에만 집중하게 되었다고 한다. 누구하나 자신의 외로움을 달래주는 사람이 없었다고 한다. 아빠는 혼자 감내해야 했던 아들의 상처를 몰랐던 것이다. 엄마는 그런 아들을 죽을힘을 다해 참아보겠다며 울먹였다. 아빠는 가부장적인 자신의 모습을 반성하며 좀 더 아이를 위해 변해보겠다고 했다.

서로의 역할극을 통해 마음을 알아가고 아들이 왜 그렇게 변했는지 아들 혼자만의 잘못이 아니라는 걸 알게 되었다. 아들은 직장을 가도 자신이 적응을 못 하는 것이 부모님이 자기를 이렇게 밖에 못 키워줬다는 생각에 화가 치밀어 그만뒀다고 했다. 부부 싸움만 보고 자랐다고 했다. 바로 그것이다. 아이는 원래부터 나쁜 아이가 아니었다는 것이다. 자라면서 부모의 영향을 크게 받은 것이다. 그렇게 변한 아들을 부모는 전혀 원인을 모른 채 아들을 원망하며 현재 모습만 고치려고 한 것이었다. 그러니 화만 나는 것이다. 아빠는 그런 아들을 보기가 힘들어 집을 나가라는 것이었다.

우리의 현실이다. 비단 그 가족의 문제만은 아니라는 것이다. 모든 아이들의 마음은 상처받은 마음이 크기 때문에 마음 문을 닫고 게임에만 열중하는 것이다. 우리는 아이의 그런 모습을 보고 화를 낼 것이 아니라 아이의 마음을 이해하려는 자세가 필요하다는 것이다.

수많은 부모들은 게임을 하는 아이를 보며 속이 터진다고만 한다. 심지어는 컴퓨터를 깨 부셔버린 부모도 있다. 이렇게 화를 내는 건 지혜롭지 못하며 좋은 결과도 볼 수 없다. 참을 수 없다면 똑똑하게 화를 내라. 아이가 자신을 사랑해서 엄마가 화를 내는구나! 하는 마음이 들도록 말이다. 컴퓨터 게임만 하는 아이를 보고 컴퓨터를 부수거나 인터넷을 끊어버린 것이 아니라 오히려 어깨를 주무르며 “우리 아들, 어깨 아프겠다. 쉬어가면서 해라. 엄마는 뭘 하든 네가 행복해 하면 엄마도 행복해. 열심히 게임하고 즐거운 시간 보내라." 이런 식으로 말이다. 말을 그렇게 하는 엄마의 마음을 아이는 안다. 그렇기 때문에 아이는 결코 넋 놓고 게임만 하지는 않는다. 자신을 사랑하는 엄마의 마음을 더 이상 괴롭히려 하지 않고, 자신의 할 일을 찾아간다. 그걸 믿어보라. 결코 아이들은 바보가 아니다. 부모들의 마음을 다 느끼며 뭘 원하는지도 안다.

제발 우리 아이들을 믿어보라! 분명 보람이 있을 것이다. 난 이 세상 모든 아이들의 가능성을 믿어본다. 믿어야 한다. 모두가 우리 부모의 잘못이지 아이들은 잘못이 없기 때문이다.

제4장

화내지 않고
아이를 크게
키우는 법

귀한 아이일수록 엄하게 가르쳐라

성경에 이런 말이 있다.

"아이를 훈계하지 아니치 말라. 채찍으로 그를 때릴지라도 죽지 아니하리라." – 잠 23:13

난 우리 엄마 아버지께 한 번도 회초리로 맞은 적이 없다. 그러나 뺨을 두 번이나 두 분한테 한 번씩 맞은 기억이 있다. 훈육을 잘 받은 느낌보다 부모님께서 화를 못 참고 화풀이를 한 느낌이 더 강하게 들었다. 그런 교육법은 그야말로 자식에게 해서는 안 되는 것이라고 본다. 오히려 원망이 앞서기 때문이다.

부모님께는 내가 귀한 자식이 아니라 그저 있으나 마나 하는 존재여서 함부로 때렸는지도 모른다고 생각했다. 그러나 자식을 키워보니 나도 홧김에 자식에게 체벌을 할 때도 있었다. 내가 부족한 상태였기에 그런 행동을 했었던 것이다. 나의 부모님도 그랬을 것이다. 그래서 이해하기로 했다. 부득이 체벌이 불가피할 경우, 아이의 인격을 무시하지 말아야 한다. 아이가 무엇을 잘못했는지 알게 한 후 회초리로 아이가 원하는 곳을 때리는 것이 낫다.

내가 어렸을 그 시절에는 자녀들이 보통 5명 이상이었으니 자식들이 귀찮을 수도 있었을 것이다. 그런데 요즘은 출산율이 저조하여 한 명 아니면 두 명만 낳는 것이 대부분이다. 그러니 한 명의 자식에게 올인하는 부모들이 많다. 행여 아이에게 안 좋은 영향이 미칠까 봐 아이 눈치를 보며 금이야 옥이야, 금지옥엽으로 대한다. 그러니 아이들은 기가 하늘을 찌르는 듯 높아서 사회생활 할 때 자칫 적응을 못하며 남들을 이해 못 하고 자신의 기분만을 위해 살아가는 경우가 많다.

마트나 식당에서 종종 떼를 쓰는 아이를 볼 수 있다. 가정에서 훈육이 밖에 나오면 다 나타나는 것이다. 아이는 부모를 속속들이 다 알고 땅바닥에 누워서 떼를 쓰면 자기의 요구를 들어줄 거라고 생각한다. 이미 부모의 훈육이 잘못 되었다는 걸 아이가 먼저 알고 있고 그걸 노린다. 부모는 그 아이의 떼를 쓴 모습을 보면 화가 나고 아이를 달래야 하는데 당황스러워 한다.

창피하기도 하고 자기 아이가 이렇게 버릇없게 자랐다는 걸 그때 알게 된다. "집에서 샌 바가지는 들에 가도 샌다."는 말이 있다. 본바탕이 좋지 아니한 사람은 어디를 가나 그 본색을 드러내고야 만다는 것이다.

아이가 그렇게 막무가내로 떼를 쓸 경우 어떻게 해야 할까? 일단 아이가 원하는 걸 해결해주고 훈육은 집에 가서 해야 한다. 어떤 부모는 식당에서 아이가 난장판을 부려도 무관심하거나 그냥 두는 경우가 있다. 주변 사람들이 눈살을 찌푸리거나 불편해 해도 말이다. 그건 아이에게 안 좋은 사회성과 남을 무시하도록 만드는 훈육법이다.

아이는 그저 뛰어 놀아야 아이답다는 말이 있다. 그러나 사회성도 키워줘야 한다. 놀 때는 놀이터나 놀 시간에 노는 것이고, 식당에서는 얌전히 밥을 먹어야 한다는 것을 가르칠 필요가 있다는 것이다. 그것이 바로 더불어 사는 사회인 것이고, 서로 배려하고 조심하는 것이 사람이 갖추어야 하는 덕목이기 때문이다. 귀한 아이일수록 아이를 엄하게 가르치는 것이 아이를 위해서 사회생활에 적응함에 있어서 훨씬 도움이 된다. 아이도 혼나면서 교육을 받을 때는 힘들지만 나중에 사회에 적응할 때는 오히려 부모님의 엄한 훈육에 감사해할 때가 온다. 나도 비록 빰을 맞고 자랐지만 나중에 성인이 되고 부모가 되어보니 그것도 감사하다는 생각이 들 때도 있었으니 말이다.

우리나라 왕들이 받은 교육을 잠깐 엿볼까 한다. 그들은 어려서부터 교육을 제대로 받아야만 했다. 서너 살 때부터 시키는 원자 교육, 즉 세자로 책봉되기 전 교육을 말하고 또래아이 배동과 함께 하는 놀이와 글공부, 스승을 대하는 바른 태도, 올바른 말을 배우는 품성 교육이 있었다. 그리고 원자 나이 9살 전후 거행되는 세자 책봉식 이후부터는 본격적으로 교육이 시작된다고 한다. 바로 아침저녁 웃어른께 올리는 문안, 부모의 수라를 살펴보는 시선, 부모의 약을 먼저 맛보는 시탕 등의 효의 실천을 배운다. 그리고 세자 교육의 핵심인 경전 공부를 한다. 왕세자의 거처 동궁에 위치한 세자 교육 전담 기관 세자시강원에서 영의정부터 정 7품까지 당대 최고 지식인으로 구성된 시강원 관리인들이 주야로 교대하며 세자 곁을 지키며 아침 공부 조강, 낮 주강, 저녁 석강, 그리고 특강 및 보강 소대, 야간 보충 학습 야대 등 쉴 틈 없이 계속된 공부와 시험이 있었다고 한다. 그리고 전날 배운 것을 암송하는 수시 평가, 5일에 한 번 치르는 정기 시험 고강, 월 2회 여러 스승 앞에서 진행된 정기시험 회강, 책을 통째로 외워야 하는 범위 없는 시험들이 있었다. 와! 정말 대단하다. 그리고 너무 힘들었을 것 같다.

그런데 그것이 다가 아니라는 사실! 궁 밖에서 진행되는 체험학습도 있었는데 사냥과 격구를 통한 신체 훈련, 경작과 추수에 참여하는 친경례와 관예례, 즉 농사의 중요성과 어려움을 배우는 시간, 그리고 이 모든 교육의 마지막 시험대인 국왕 업무 일부를 맡아 보는 대리 청정, 왕이 된 이후에도 계속되는 조강, 주강, 석강, 하루 세 번 진행되는 경연, 학문과 정치를 토론하는 자리 등 세계 최장수 왕조 조선의 왕은 끊임없는 공부로 완성되었다는 것이다. 휴! 열거하는 내가 숨이 찬다. 하루 24시간을 거의 수면 시간도 없이 빽빽한 스케줄을 다 소화해내야 했다고 한다. 365일 중 쉬는 날은 설이나 추석 같은 명절, 그리고 정 1품 이상의 관료가 사망 했을 때 3일, 정2품 이상의 관료가 사망했을 때 2일 정도가 다인 것이었다. 지금의 대통령도 아마 이런 국정을 보는 24시간이 아닐까 싶다. 왕의 자리가 결코 우리가 생각하는 겉모습의 화려한 모습이 다가 아닌 것을 알 수 있다. 그래서 아무나 왕의 자리에 오르는 것은 불가능하고, 할 수도 없었다고 본다.

우리는 자녀가 훌륭한 사람이 되길 원하고, 이 사회에 중요한 인물이 되길 원한다면 좀 더 엄하고 강도 높은 교육이 필요할지도 모른다. 물론 아이가 감당할 만한 수준에서 하겠지만 말이다. 우리나라 왕들의 수명이 짧은 이유도 저런 쉴 틈 없는 교육과 국정을 감당해내야 했기 때문이었다. 그렇기 때문에 우리나라 역사에 길이길이 그 이름이 남겨지는 인물이 되었기도 하다. 우리나라 속담에 "호랑이는 죽어서 가죽을 남기고 사람은 죽어서 이름을 남긴다."라는 말이 있다. 우리나라 왕들은 확실히 자신들의 이름을 남기고 가신 것이다. 그만큼 고생도 많이 했기 때문에 충분히 훌륭하다.

그렇다면 우리 아이들은 어떻게 이름을 남기게 키울 것인가. 고민해본다.

그러기 전에 부모인 나부터 이름을 남길 만한 일을 해보자. 나 역시도 고등학교 시절 꿈이 바로 이름을 남길 만한 훌륭한 일을 하고 가는 것이었다. 지금도 그 꿈은 유효하다. 꿈을 꾸면 반드시 이루어진다는 확신을 가지고 있는 나이기에 아직도 그 꿈을 이루려고 노력하고 있다. 어쩌면 우리나라 최고의 책 쓰기 코치인 김태광 도사님을 만난 것이 내 꿈을 실현하는 데 일조를 하지 않을까 싶은 마음이다. 그분은 이미 이름이 많이 알려져 있고, 많은 사람들로부터 구세주라는 칭송을 받을 만큼 큰일을 해내고 계신다. 나도 그분을 만나서 이렇게 책을 쓰고 있으니 말이다. 참 감사할 일이다. 우리 아이들도 부모가 이렇게 열심히 뭔가를 하고 있다면 자기들도 분명 따라 할 것이기 때문이다.

난 아이들에게 "세 살 버릇 여든 간다."라는 속담을 실천하려고 애를 썼다. 아이들이 커서는 부모의 모든 교육은 잔소리가 될 수도 있기 때문에 아이들이 될 수 있으면 어렸을 때 모든 교육을 해주는 것이 낫다고 생각했다. 그래서 회초리를 들 때는 아주 엄하게 들었다. 큰애가 시댁에서 몇 년 자라는 동안 생긴 버릇으로 나에게 와서도 남의 물건에 손을 댔을 때 회초리가 여러 개가 부러지도록 때린 적이 있다. 그때 그 버릇을 잡지 않으면 안 되겠다는 생각에서였다. 감사하게도 그 버릇은 고쳐진 것 같다. 그리고 특별히 엄하게 혼내는 일은 없었다. 두 아이들이 성인이 된 지금은 잔소리보다 칭찬과 격려가 더 효과적이라는 걸 느낀다. 다행히 아이들이 열심히 자기 할 일을 잘 해내고 있으니 충분히 앞으로 훌륭한 일도 해내리라 믿어본다. 더 나아가 이름을 남길 만한 일도 할 수 있을 것이라고 확신한다.

"사랑하는 두 아들들아! 이 부족한 엄마의 아들로 태어나줘서 참으로 고맙다. 엄마에게는 너희들이 너무 자랑스럽고 훌륭하다. 앞으로 너희들의 꿈을 펼쳐 나가길 바란다. 이 엄마는 너희들이 뭘 하든 응원하고 지켜봐주련다. 그런 너희들을 보며 행복해하련다. 그리고 사랑한다. 이 엄마는 너희들이 지금까지 잘 버텨와주고 열심히 살아준 것이 가장 큰 힘이 된단다. 고맙고 사랑한다."

절대 다른 아이와 비교하지 마라

"모든 사람은 하나 이상으로 천재성을 보이는 무언가를 가지고 태어난다. 다만 대개의 사람들은 그 천재성을 단 하루만 발산한다."

이런 명언이 있다. 마음에 드는 말이다. 그러니 타인과 비교하는 것부터 멈춰라. 나를 믿는 마음이 곧 자신감이다. 자신감이 떨어지고 자존감이 떨어질 때는 대부분 남과 비교할 때 생긴다. 아이들 역시 한참 자신감과 자존감이 생길 나이에 비교를 당하면 한없이 무너져내린다. 자신에 대한 열등감으로 의욕을 잃고, 모든 것에 흥미를 잃게 된다. 우리 부모들의 가장 큰 실수 중 하나가 바로 다른 아이와 비교하는 것이다.

우리 어머니는 내가 어렸을 때 항상 "옆집 미옥이 좀 봐라! 학교 댕겨 와서 밭에서 일하는 자기 엄마 일 도와주고 와서 집안 청소도 다해놓고 밥도 한단다. 너도 좀 배워라." 이렇게 말씀하시곤 했다. 이 말이 귀에 딱지가 앉을 정도로 날마다 나에게 좀 배우라고 하셨다. 옆집은 우리 집과 돌담 하나로 경계가 있는 집이라 우리 집에서 다 보인다. 옆집이 무슨 말을 하는지 애들이 뭘 하는지 다 보인다. 엄마는 귀신 같이 내 친구 미옥이의 행동을 알고, 항상 나에게 잔소리를 하신다.

이 말을 들으면 난 정말 짜증이 나고 화도 났다. 그리고 '난 무능한 사람이구나! 난 게으르구나! 난 쓸모없는 사람이구나!' 이런 생각들이 들었다. 한없이 자존감이 떨어지고 엄마가 나를 좋아하지 않구나! 하는 생각이 들기도 했다. 정말 비교당하는 것은 어린 나이에 아주 마이너스였던 것 같았다. 난 속으로 엄마는 옆집 미옥이를 나보다 더 좋아하나 보다 하는 생각이 들었다. 나도 잘해야겠다는 생각보다 괜히 미옥이가 미워지고 더 반항심이 생기기도 했다. 옛날 우리 어머니들의 자녀 훈육법이었다. 결코 좋은 훈육은 아니라는 것이다.

요즘 엄마들은 교육 수준이 다들 높고, 의식들이 깨어 있어서 촌스럽게 남의 아이들과 비교하여 자녀들에게 열등감을 가지게 하지 않는다고 믿어진다. 혹여 아직도 비교하는 훈육법을 사용한다면 당장 고치라고 하고 싶다.

당해본 사람만이 안다. 다른 또래 아이들과의 비교는 참아야 한다. 독립된 내 아이만을 위한 훈육이 필요할 뿐이다.

난 우리 아이들 둘을 키우면서 너무나도 소중했다. 내가 힘들 때는 돌보지 못했지만 마음속으로는 정말 원 없이 잘 해주고 싶었다. 다른 아이들과 비교할 생각보다 내 아이에게 좀 더 잘 해주고 싶었다. 부족한 엄마에게 태어나서 부유하지.못하고 거지처럼 키워서 너무 미안할 뿐이었다. 못 먹이고 못 입히고 못 놀아줘서 마냥 미안하기만 하다. 나도 여유 있으면 얼마든지 잘 해주고 싶은 것이 엄마 마음이 아니던가! 눈에 넣어도 안 아플 아이들이기 때문이다.

내가 아는 지인은 하나밖에 없는 아들이 공부를 너무 잘해서 서울대에 합격했다. 아주 경사 중의 경사였다. 그런데 동생인 딸은 공부도 못하고 얼굴도 못생겨서 구박만 받는다고 했다. 말도 안 듣고 엄마와 앙숙이라고 했다. 그런데 청천벽력 같은 소리를 접하게 되었다. 그 아들이 군대에서 사고로 사망을 했다는 것이다. 너무 충격이었다. 얼마나 자랑스럽고 사랑하는 아들이었는데 말이다. 그 엄마의 슬픔을 어떻게 말로 표현할 수가 있겠는가 말이다. 그 뒤로 하나밖에 없는 딸아이에게 잘 해주어서 딸의 성격이 아주 밝아지고 착해졌다는 것이다.

아이들은 정말 부모의 사랑만 받아야지 비교당하고 미움을 받고는 절대로 제대로 자라지 못한다. 얼마나 오빠가 미웠을까! 아이들은 차별해서는 안 된다. 똑같이 예뻐해주고 사랑해줘야 한다. 이런 비극을 겪지 않으려면 말이다. 분명 무시당한 딸은 오빠를 미워했을 것이고, 심지어는 마음속으로 오빠가 차라리 없어져버렸으면 하는 마음도 있었을 것이기 때문이다.

난 우울증으로 힘들었을 무렵에는 아이들을 신경 써주지 못했다. 그러나 조금 나아진 후부터는 최선을 다해 아이들에게 잘 해주려고 했다. 모성애의 힘은 강했다. 남편이 주식으로 집과 차를 압류 당하고 길거리에 나앉게 되었을 때 난 오로지 우리 아이들이 제일 마음에 걸렸다.

도저히 남편을 가장이라고 믿고 바라볼 수가 없어서 남편에게 기대하지 않기로 했다. 내가 가장이 되어야 했다. 온갖 일을 다 했다. 생전 해보지 못한 화환집에서 꽃나무를 가꾸고 심고 물주고 화분 갈이를 했다. 너무나도 육체적으로 힘이 들었다. 내 몸보다 큰 화분을 들었다 놨다 해야 하고 하루에 두 번 물을 줘야 했다. 잘 먹지도 못한 상태에서 힘든 일을 하니 당해 내기가 힘들었다.

하루는 생리통이 너무 심해 출근을 못 할 정도였다. 도저히 안 되겠기에 사장님께 하루만 쉬겠다고 했더니 영원히 쉬어버리라고 했다. 바로 그만두라는 것이었다. 너무 매정한 현실이었다. 눈물을 머금고 그만둬야 했다. 한 달이 채 못 된 금액을 받고 다른 일을 알아봐야 했다.

남편은 날마다 사랑방 신문을 보며 일자리를 알아봐줬다. 닥치는 대로 일을 해야 했다. 굶어 죽게 내버려 둘 수가 없었다. 무엇보다 빚 독촉이 무서웠다. 누구나 한 번쯤 경험해봤으리라 생각이 든다. 지금 생각하면 어떻게 견뎌왔을까 싶어진다. 남편은 회사를 그만두고, 가정은 나 몰라라 해버리고 나 혼자 모든 것을 해결해야 했다.

아이들이 무슨 죄인가 싶어서 악착같이 아이들에게 비참한 현실을 빨리 끝내게 하고 싶었다. 다른 아이들처럼 우리 아이들도 돈 걱정 없이 맛있는 거 많이 먹이고 싶었고, 좋은 옷도 잘 입히고 싶었다. 그러나 우리 아이들에게 난 너무도 잘 해주지 못했다. 하루하루 텅 빈 냉장고 텅 빈 지갑, 텅 빈 마음뿐이었다. 경제적으로 고통을 당하면서 아이들도 많이 정신적으로 힘들었을 것이다. 그런데 아이들은 한마디도 힘든 내색을 하지 않았다. 동분서주 다니면서 일하는 엄마를 보고 차마 말을 못했을 것이다. 그게 더 마음이 아프다. 그래서 난 형편이 풀리면서 아이들에게 정말 원 없이 맛있는 거 많이 해주기도 했다.

내 아이는 내가 가장 잘 안다. 왜 남의 아이와 비교를 하는가? 그건 부모의 잘못된 자존감 때문이다. 시선을 자신 안에 있는 자아를 보는 것이 아니라 모든 시선을 밖을 향해 본다는 것이다. 난 적어도 아이들만큼은 비교하지 않았다.

비교했다면 한 가지, 남편을 비교하긴 했다. 남의 남편이 가장으로서 자기 자리를 잘 지키고, 든든하게 꾸려가는 걸 보면 왜 그렇게 부럽고 우리 집 아저씨가 미웠는지 모른다. 지금은 아예 희망을 버리고 기대도 버리고, 그냥 존재 자체로 바라보지만 그때는 너무 절실했다. 정상적인 다른 남편의 안사람이 미치도록 부러웠다. 모든 것이 다 내가 문제인 것을 말이다. 중2 때의 사건으로 배우자 기도를 지금의 딱 남편으로 기도를 했기 때문이다. 누구에게 원망도 못 한다.

해서 우리 아이들에게는 배우자 기도는 정말 신중하게 하라고 신신당부하고 싶다. 대충 하려면 차라리 결혼을 하지 말라고 하고 싶다. 결국 누군가와 비교하는 것은 현재 내가 만족하지 못한 상태이고 나 자신이 먼저 마음이 만족하도록 변해야 한다는 것이다. 남보다 자신에게 집중하라는 말이다.

더불어 아이들도 역시 남의 아이들을 보는 시선을 접고 내 아이에게 더 집중하라. 그리고 있는 모습 그대로 존재를 소중히 여기고 바라보길 바란다. 모든 아이는 하나 이상의 천재성을 가지고 태어나기 때문이다. 다른 아이들과 비교하는 시간에 내 아이의 천재성을 발견하는 것이 훨씬 서로를 위해 남는 장사일 것이다. 난 우리 아이들에게만 집중하여서 그나마 아이들이 뭘 좋아하고 뭘 싫어하는지 잘 안다. 그래서 아이들이 좋아하는 것을 척척 잘 해준다. 그러니 아이들이 밝고 건강하게 잘 자라주고 있다. 이제 20대 초반이니까 앞으로 무궁무진한 능력을 발휘할 수 있을 것이다. 난 그런 아이들의 뒷바라지를 다 해주고 싶다. 길이길이 이름을 남길 만한 일을 할 수 있도록 말이다. 꼭 학벌이 좋아야 훌륭한 일을 하고, 스펙이나 배경이 좋아야만 이름을 날리라는 법은 없다.

우리 사회에서 얼마든지 별 볼 일 없는 사람 같으나 감동을 주는 일을 하여 많은 사람들에게 귀감을 주는 이들도 많다. 이번 코로나 여파로 전국이 힘든 가운데 자영업자들의 피해는 말로 표현하기가 힘들 정도이다. 가게 운영 자체가 안 되는 것뿐만 아니라 식당에 재고 음식이나 식자재들이 고스란히 썩어버리게 된 상황이니 얼마나 급박하고 안타까운 사실인가!

이런 사태를 수습해보려고 한 시민이 일어났다. 바로 페이스북 운영자가 대구시의 맛집을 홍보하는 콘텐츠를 이용하여 각 업체의 남아도는 식자재를 조금 저렴한 값에 판매를 한다는 홍보를 한 것이다. 순식간에 모든 대구시민들이 도와서 남은 재고 음식들을 버리지 않고 모두 조기 매진되었다는 소식이 전해졌다. 눈시울이 뜨거워진 영상이었다. 한 평범한 사람이지만 아주 재치 있는 아이디어를 고안해내어 수많은 사람들의 고통을 덜어준 일이 되었다. 제2의 국채 보상 운동이라고까지 할 정도이니 정말 훌륭한 일이 아닐 수 없다.

이런 일을 바로 우리 아이들이 할 수 있도록 항상 격려하고 칭찬해주자. 제발 비교하지 말자. 여러분의 아이들도 충분히 이런 훌륭한 일을 할 수 있다고 믿어보라. 이름 날리는 것이 꼭 그렇게 대단한 일은 아니다. 먼저 어른인 우리부터 실천해보길 바란다. 이렇게 할 때 우리나라도 살기 좋은 나라가 될 것이고, 더불어 행복 지수도 올라가서 자살률도 줄어들지 않겠는가! 필자는 간곡히 부탁해본다. 우리 모두의 노력이 필요하다.

아이를 사랑한다면 약점에서 강점을 보라

아이들뿐만 아니라 어른들에게도 약점과 강점이 있다. 난 어려서 옆집 친구 미옥이와 하도 비교를 많이 당해서 열등감이 나도 모르게 잠재되어 있었던 같다. 초등학교 시절 학교에서는 많은 칭찬과 격려를 받았지만, 엄마한테는 무지 많은 비교를 당했다. 엄마도 할머니께 그렇게 양육을 받았기 때문에 어쩔 수 없는 상황이리라 위안으로 삼아본다.

그런 열등감으로 살면서 계속 또 안 좋은 일들이 생기면서 자존감이나 열등감은 한없이 바닥을 기어갔다. 결혼생활도 순탄치 않아 힘들었고, 행복한 시절이 기억에 없다. 그러면서 생각해보았다. 이렇게 살 바에는 그냥 죽어버리는 것이 낫지 않을까 싶었다. 삶이 재미가 없고 의미도 없었다.

여자들은 결혼하면서 엄청난 변화를 경험하면서 인생을 배우게 된다. 나 역시도 그런 힘듦을 경험하면서 나를 돌아보게 되었다. 어려서는 나에게도 꿈이 있었다. 아나운서, 외교관, 선생님, 선교사 그리고 가수가 되는 것이 꿈이었다. 그런데 나이가 들어 되돌아보니 그저 평범한, 아니, 그보다 못한 내가 되어 있었다. 누구의 탓이라고 하고 싶지만 그렇다고 위로가 되거나 기분이 좋지는 않다. 내 인생의 주인은 나인데, 나는 내 인생을 저당 잡혀놓고 남의 인생을 산 것 같았다. 후회되었다. 살고 싶지 않을 만큼 흥미롭지 않았고, 괴롭기만 했다.

특히 남편은 나의 기도의 응답이었지만, 나에게는 너무 안 맞았기 때문에 더욱 불행하다는 생각이 들었다. 결혼생활 10여 년째 접어들면서 '이건 아니다.' 하는 생각이 들었다. 언제까지 이렇게 거지처럼 괴롭게 살아간다면 그냥 삶을 포기하는 것이 나을 정도였다. 그래서 난 생각했다. 과연 내가 행복해할 만한 일은 무엇이고 내가 잘하는 일은 무엇이고 나의 강점은 무엇인가를!

나는 어려서부터 엄마랑 같이 노래를 부르면서 재미있는 시간들을 보낸 것 같았다. 까마득하게 잊고 살았었다. 7살 정도 되던 때부터 설 명절에 동네 콩쿠르 대회가 있으면 진숙이라는 친구랑 같이 둘이 화장까지 하며 대회에 나갔었다. 그 기억은 아직도 생생하다. 진숙이 엄마가 나랑 진숙이에게 무대복을 입혀주고 립스틱까지 발라주었다. 그때부터 무대라는 맛을 알게 되었다. 노래 부르는 것을 아주 좋아했고 무대를 좋아했다. 초등학교 때에도 웅변을 하였고, 합주단 지휘를 하였고, 각종 행사에 사회를 보았다.

그래서 성인이 되어서도 잘하고는 싶은데 그렇게 쉽지는 않았다. 그동안 수많은 일들을 통해 나의 강점은 숨어버리고 열등감만 나를 사로잡아버린 것이었다. 자신감도 자존감도 많이 떨어져버려서 남들 앞에 나가서 연설을 하거나 발표를 하는 것을 보면 부러워하기만 하고 나는 선뜻 나서지 못했다. 속에서만 미치도록 할까 말까를 고민만 하고 있다. 이제는 나의 강점을 살리고 싶다. 그래서 내가 좋아하는 일을 하고 잘하는 것도 하고 싶다. 즐겁게 살아보고 싶었다.

우리나라 부모님들은 거의 자기 인생은 결혼과 동시에 가정과 아이들을 위해 자신을 희생하는 삶을 살아간다. 어느 정도 아이들이 자라고 나면 출가를 시키고 나서 또 손자들을 봐주기도 한다. 이런 것이 인생이려니 하고 살아간다. 그러나 과연 얼마나 행복한가! 물어보고 싶다.

물론 사랑하는 아이들을 위해 희생하는 것이 결코 헛되지 않다는 것은 알고 있다. 그러나 어느 정도 자유를 만끽하고 행복해 해야 할 시간이 오면 그때는 이미 건강이 악화되거나 병을 얻어서 병원 생활을 하는 신세가 되어버린다. 요즘 핫한 『더 해빙』의 저자 홍주연 작가의 아버지의 유언이 이를 말해준다.

전쟁 이후의 삶은 처절하리만큼 힘든 시절이었다. 우리나라 모든 윗세대 분들의 고통은 참으로 말로 표현하기가 힘들 정도이다. 홍주연 작가의 아버지도 못 먹던 시절 고통이 평생 트라우마가 되어 부자가 되어야 하고, 아껴야 된다는 강박관념으로 살아왔다는 것이다. 그러나 어느 정도 자녀들을 다 키우고 나니 췌장암이란 사형선고를 받게 된다. 그는 마지막 유언을 이렇게 말한다.

"나는 부자가 되는 것이 평생 소원이었다. 그래서 아끼기만 했다. 그러나 결국 이루지 못했다. 돌이켜보면 후회도 된다. 아끼는 것만 생각하느라 행복한 순간을 놓친 건 아닌지…. 절약하라는 말을 이제 모두 거두고 싶다. 현재를 희생하지 말고 진정한 부자로 살아라. 그 방법을 찾아 너의 삶을 누려라."

평생을 아끼며 살아온 끝에 인생의 마지막 순간에 깨달음을 얻고 소중한 유언을 남겨주신 것이다. 나에게도 해당되는 유언이었다. 홍 작가님도 아빠의 생활 방식대로 살다가 아버지의 유언을 실현하기 위해 노력한 결과 『더 해빙』이라는 책도 내게 되고, 더불어 새로운 삶을 행복하게 살아가고 있음을 알게 되었다. 우리 역시도 부모님의 영향을 받고 살아가고 있지 않은가! 그것이 좋든 나쁘든 간에 말이다.

이제 우리는 그런 나쁜 삶의 방식은 타파할 필요가 있다. 과거의 트라우마 때문에 현재를 누리지 못하고 값없이 보내버리는 것이 아니라 진정으로 나의 강점을 살려 내가 원하는 것, 잘하는 것을 찾아 행복을 누려보자는 것이다. 그런 삶을 살아야 내 자녀들도 그렇게 살아갈 것이다. 적어도 부모님이 물려준 나쁜 영향을 대물림하지 않을 것이기 때문이다.

안 좋은 것들에 대한 염려와 불안 두려움에서 헤매지 말고 나의 강점을 찾아서 삶을 누리고 행복을 누려보라는 것이 필자의 바람이다. 그러면 나의 아이들은 자동으로 그런 부모의 삶을 보고 배우게 된다. 그리고 아이에게도 강점을 찾아 칭찬과 격려를 아끼지 않을 때 서로에게 시너지 효과를 볼 수 있다는 것이다. 난 다시 노래를 연습하게 되었다. 계기가 된 것은 직장에서부터였다. 어린 시절 노래한 뒤로 자라면서 노래할 기회가 없어서 거의 입에서 노래가 나오질 않았다. 물론 삶이 노래가 나올 정도로 행복하지도 않았던 이유가 더 컸다고 본다.

직장에서 한 달에 한 번 있는 외부 공연 시간에 〈청춘예술공연단〉팀이 와서 공연을 해주는데 직원들도 노래를 부르라고 시킨다. 다들 노래하는 것을 꺼려했다. 신입인 나에게 자꾸 하라는 것이다. 난 망설여졌다. 노래를 부른 적이 까마득하니 기억도 안 날 정도인데 무슨 노래를 어떻게 부를지 감이 안 왔기 때문이다. 하도 강하게 요청이 있던 터라 난 갑자기 생각나는 노래가 없어 잠시 머뭇거리다가 가수 김수희의 〈남행열차〉라는 노래를 불렀다. 그나마 대한민국 사람이라면 누구나 쉽게 부를 수 있는 노래였으니까 말이다. 어떻게 부른지도 모르게 정신없이 노래를 부르고 나니 묘한 감정이 들었다. 기분이 업 되면서 흥분이 가라앉지 않았다. 기분이 좋아지고 행복했다. 뿌듯하기도 했다. 그때 생각이 났다.

'어려서부터 노래하는 걸 좋아했었지. 내가 노래 부르는 걸 이렇게 좋아하는구나!'

그 뒤로 난 한 달 에 한 번 있는 이 공연단이 오면 꼭 노래를 부르게 되었고, 진행자로부터 노래를 아주 잘한다는 말과 함께 본인이 먹으려고 챙겨온 간식까지 상으로 주기도 했다. 나를 소개하는 멘트도 달라졌다. "○○에서 낳은 명가수"라는 칭호로 불러주었다. "맞아! 난 가수가 꿈이었지." 그 꿈을 이렇게 성취해보나 싶어서 감격을 하며 기뻐했다. 그 기쁨은 아무도 모를 것이다.

난 그 뒤로 다시 노래를 부르기로 했다. 한 달 내내 어떤 노래를 부를 것인가 선곡을 하고 연습을 아주 열심히 했다. 너무 즐거웠다. 이게 바로 소확행이 아니던가! 소소하지만 확실한 행복이었으니까 말이다. 나의 강점은 남들 앞에서 강연을 하거나 노래를 부르는 일이다. 상상만 해도 너무 행복한 일이다. 어린 시절 나의 꿈을 꼭 이루고 싶다.

난 〈청춘예술공연단〉팀을 보면서 생각했다. 나이는 70대에서 80대로 구성된 할머니 할아버지지만, 자신들의 끼를 그들과 같은 친구들에게 함께 나누며 행복해 하는 모습을 보며 나의 미래도 저렇게 살고 싶다는 생각이 들었다. 좋아하고 잘하는 것을 살려서 좋은 일에 사용하기도 하고, 재능 기부도 할 수 있으니 얼마나 좋은 일인가! 나의 아이들에게도 그렇게 하기를 원한다고 말하고 싶다. 아마도 자연스럽게 닮아가지 않을까 싶다.

우리는 사랑한다는 명목으로 나의 자녀라는 명목으로 아이들에게 약점만 바라보며 상처를 주지는 않은지 생각해보길 바란다. 약점을 말하지 말고 강점을 찾아 더 발굴할 수 있도록 지원과 후원과 아낌없는 사랑을 베풀도록 하자. 이 〈청춘예술공연단〉처럼 모든 임무를 마치고 아파서 생을 마감하는 것이 아니라 제2의 인생 2막을 자신의 꿈을 위해 살며 행복을 느끼며 살아가는 자들이 될 수 있을 것이다.

성공과 성과에 집착하지 마라

우리가 살면서 느끼는 것 중 하나는 위대하고 큰 인물은 그렇게 되기까지 처절하게 고통과 고난, 시련의 과정이 있었다는 것이다. 내가 직접 만난 『100억 부자의 생각의 비밀』의 저자 김태광 작가의 인생을 봐도 그렇다. 그는 지지리도 어려운 형편에 겨우 누나들의 도움으로 2년제 대학을 나오고 막노동을 하며 고시원에서 책을 썼다. 작가의 꿈을 이루기 위해 2천 원이 없어 옆방에 자고 있는 사람에게 돈을 꾸기 일쑤였고, 너무 배가 고파 고시원 내에 냉장고에서 남의 반찬을 훔쳐 먹고 죄책감에 시달려야 했던 시절을 살았다.

작가의 길이 순탄하지 않은 것은 누구나 다 안다. 그래서 시작은 다들 하지만 꿈을 이루기란 너무 어렵기 때문에 다들 또한 포기하고 만다. 그러나 그는 끝까지 꿈을 포기하지 않고, 500번의 퇴짜를 맞아 가면서 결국은 꿈을 이루고 말았다. 지금은 100억이 넘는 자산가이며 베스트셀러 작가이자 책 쓰기 코치이며 유튜브 크리에이터이다. 또 다른 자기와 같이 고통 속에 헤매고 있는 인생들을 구해주기 위해 자신처럼 행복해할 수 있도록 만들어주는 사람이 되었다. 과연 그 고난의 시절들이 없었다면, 당장 성과가 나오지 않아 포기했더라면 지금의 자리에 오를 수 있었을까? 결코 이룰 수 없었을 것이다. 그는 의식의 전환을 하면서 다시금 꿈을 향해 달려갔던 것이다.

또 한 명의 인물을 들어본다. 바로 KFC의 창업주 커넬 할랜드 샌더스이다. 그는 그의 나이 66세에 요리를 전문적으로 배우지도 않았고, 사업 수완도 별 볼 일 없는 사람이었으나 세계 120여 개 나라에 19,000여 개 매장을 열고, 연간 230억(한화 약 28조) 달러를 벌어들이는 프랜차이즈 브랜드를 만든 것이다. 그런 원동력은 바로 어린 시절 작은 경험에서 비롯됐다고 한다. 어린 시절 3남매의 장남으로 태어난 그는 홀어머니 밑에서 집안일을 도맡아 하던 중 동생들이 배고픔에 칭얼대자 어깨 너머로 배운 호밀빵을 만들어준다. 그리고 공장의 어머니께도 드렸는데 그 실력이 아주 뛰어나 극찬을 받고, 자신이 좋아하는 일을 발견하게 되고, 이 즐거움은 그가 추구하는 평생의 가치가 된다.

그는 젊어서 여러 가지 사업에 실패를 하고, 49세에 모든 재산이 물거품이 되는 시점에서 포기하지 않고 다시 일어선다. 바로 어린 시절 음식을 만들어 그의 가족을 행복하게 해주었던 기억을 살려 치킨 레시피라는 필살기를 내놓았다. 그는 평생 남을 즐겁게 해주는 일, 남에게 용기를 줄 수 있는 일을 생각하며 매일매일 역할에 충실했다고 했다. 결국 그는 1,009곳을 돌아다니며 자신의 레시피를 홍보한 끝에 피터 허먼을 만나 '켄터키 프라이드치킨'이라는 프랜차이즈 사업의 시초를 세웠다.

그는 죽기 전까지 전 세계 매장을 돌아다니며 맛과 청결 상태를 직접 확인하였다고 한다. "세상과 역사에는 일하다 쓰러진 인간보다 녹슬어 바스러진 인간이 훨씬 많다. 숨이 붙어 있는 한 절대로 은퇴라는 말을 쓰지 마라. 나는 그렇게 하고 있다." 라는 명언을 남기고 갔다. 그는 결코 성공과 성과에 집착하지 않았다. 단지 남을 돕기 위해 열심히 달려 온 것뿐이었다. 그런 그에게 부와 명예는 저절로 따라 왔던 것이다. 정말 존경스럽지 않은가!

우리는 당장 눈앞에 보이는 성과 중심의 교육을 하고 있다. 학교에서도 가정에서도 아이들에게 좋은 성적을 받기 위해 학원과 과외를 시킨다. 좋은 대학을 보내기 위해 말이다. 부모와 학교 선생님들의 등살에 힘들어 하며 멍들어가는 우리의 미래의 희망인 아이들이 얼마나 불쌍한지 생각해보자. 안타까운 것은 너무 힘든 나머지 자살이라는 끔찍한 선택을 하고 만다는 것이다. 우리 아이들은 이미 성공한 인생이다. 왜냐하면 엄마 뱃속에서 수억의 정자와 난자들 경쟁을 뚫고 수정을 하여 태어난 것이 아닌가! 이 땅에 태어난 것 자체가 성공이고, 능력의 소유자이다. 스스로에게 열등감을 새롭게 가지도록 하지 말자. 이미 성공했으니 스스로도 행복한 인생, 남에게도 행복을 줄 수 있는 인생을 살도록 응원을 해주자 이 말이다. 더불어서 의식의 전환도 필요하니 해빙을 하도록 해주자.

『더 해빙』에는 아주 운이 좋은 선수 이야기가 나온다. 바로 호주의 쇼트트랙 선수인 '스티븐 브래드 버리'이다. 모든 운동선수들의 목표는 올림픽의 금메달이다. 이 선수 역시 10년이란 세월 동안 포기하지 않고 목표를 향해 달려왔다. 그는 그리 잘하지 못하는 선수였는데 1차전에서 다른 우승 후보 선수들이 실격을 하는 바람에 꼴찌에서 1위를 차지하게 되었고, 2차전, 3차전 역시 다른 선수들의 열띤 경쟁으로 서로 엉켜서 실격이 되어 결국 1위를 하여 금 매달을 따게 된 것이다. 어마어마한 운이 그를 금메달까지 따게 한 것이다. 그러나 결코 운이 다가 아니다. 그가 금메달을 따기까지 10년이란 세월을 포기하지 않고 달려왔기 때문에 가능했던 것이다. 그는 아마도 10년이란 세월을 온갖 포기하고 싶은 생각과 싸웠을 것이다. 그리고 자신에게 끊임없이 해빙을 했을 것이고, 노력을 게을리하지 않았을 것이다. '포기만 하지 않으면 성공할 수 있다'는 말이 있듯이 끝까지 포기하지 않으면 결국 행운도 따른다는 말이다.

나는 끈기가 부족한 것이 사실 약점이다. 금방 싫증을 느끼고 중단을 해버리는 성격이다. 항상 새롭고 즐거운 일을 하고 싶어 하는 버릇이 있다. 그래서 직장을 들어가면 길어야 1년 빠르면 3개월을 넘기지 못한다. 그런데 현재 다니는 직장은 4년째 다니고 있다. 적성에 맞아서인 것 같다. 그러나 여기도 그리 길게 다니고 싶은 생각은 없다. 나의 꿈을 실현하기 위해서 1인 창업을 할 계획이다. 난 항상 이렇게 생각한다. 지금 살아 있는 것만으로도 나는 성공한 사람이다. 죽지 않고 지금까지 버텨온 내가 너무 자랑스럽고 대단하다고 말이다. 언젠가는 나도 내가 원하고 잘하는 일을 찾아서 성공과 성과에 집착하지 않고 즐기며 행복해 하며 하루하루를 살아가고 싶다. 김태광 작가님처럼, 할랜드 샌더스처럼 남을 즐겁게 해주고 행복하게 해 줄 수 있는 내가 되고 싶다.

대한민국, 아니 전 세계에서 누구는 성공하고 누구는 실패하고 이런 논리는 안 맞는 것 같다. 각자 자기의 업이 있는 것이고, 이 땅에 태어난 사명이 다 다른 것일 뿐이다. 대통령은 성공한 인생이고, 환경 미화원은 실패한 인생이고 하는 논리는 터무니없는 논리다. 우리나라의 정서는 언제인지 모르지만 직업의 귀천을 따지는 경향이 있다. 전문직을 하거나 공기업, 대기업을 다니면 인정을 해주고 성공했다고 하고, 그 외에 다른 직종은 그냥 평범한 일이라고 생각한다. 그러나 백성 없는 임금이 필요 없듯이 서민 없는 공기업이 대기업이 무슨 필요가 있겠는가 말이다. 우리 이제 의식을 바꿔보자. 내 아이는 무조건 성공해야 하고, 대기업 공기업에 다녀야 하고, 전문직을 해야 한다는 식의 묘한 자존심을 내세우지 말고 어떤 일을 하든 이 사회에 건강한 한 사람으로서 살아간다면 그걸로 충분하다고 인정해주자.

나는 우리 아이들이 엄마 뱃속에서부터 우등한 정자와 난자가 만났기 때문에 이 땅에 태어났으며, 그걸로 충분히 그 능력을 인정하고 박수를 보내고 싶다. 이 땅의 삶은 그들이 주인이므로 난 조력자로서 그들의 필요를 채워주고 처음 해보는 인생길에서 도움을 요청하면 그때 도와주고 먼저 살아본 인생 선배로서 경험담을 들려주는 그 정도의 의무로 부모의 자리를 감당하면 된다고 생각한다. 그 이상은 엄연한 성의 침범이라고 생각한다. 아이들도 자기들의 성의 성주이기 때문이다. 나도 누가 간섭하거나 잔소리하면 싫어하고 짜증이 나듯이 아이들도 좋은 모습을 보여주는 것만으로도 충분한 길잡이가 될 수 있다는 것이다. 같은 성주로서 서로 고민을 털어놓고 상담을 주고받는 정도의 태도는 아주 바람직한 부모의 모습이라고 본다. 그 이상은 잔소리로 간주되고 쓸모없는 말이 되고 만다.

다 맞는 말인데 듣기 싫게 하는 것이 잔소리라고 한다. 맞다. 잔소리는 결국 부모가 자기의 기분이 안 좋은 상태에서 짜증을 이기지 못하고 화풀이 식으로 아이들에게 풀어내는 것이 대부분이기 때문에 아이들에게는 너무 듣기 싫은 말이 되는 것이다. 그래서 결국은 방문을 쾅 닫고 들어가버리는 사태가 벌어진다. 아이들도 그 정도는 다 구별할 줄 안다는 것이다. 그러니 내 아이의 성과나 성공 여부에 조바심내고 아이들을 다그치는 일은 없었으면 한다.

05

잘 노는 아이가 공부도 잘한다

'잘 노는 아이가 공부도 잘한다.'

맞는 말이다. 이 말은 어른에게도 적용된다.

'잘 노는 어른이 일도 잘한다.'

이것은 사람이라면 기분이나 감정이 긍정적이고 활기차고 밝을 때 일이 잘 풀린다는 말이기도 하다. 그래서 요즘은 놀이로 배우는 영어, 놀면서 배우는 산수, 수학, 과학, 역사 등등 모든 공부를 즐겁게 하도록 아이디어를 짜서 가르치는 곳이 많이 생겼다. 무엇이든 즐겁게 행복하게 할수록 능률이 더

오르고 성과도 좋기 때문이다. 나 역시 모든 일에 즐겁게 하려고 하는 것이 나의 신조이다. 직장 생활 하다 보면 여러 가지 일들로 스트레스를 받게 된다. 그러면 당장 일을 그만두고 싶은 생각이 들기도 하고, 출근하는 것이 짜증이 나게 마련이다. 그렇다고 그만둘 수도 없는 노릇 아닌가! 이럴 때는 자기만의 스트레스 푸는 비법을 터득해서 될 수 있음 빨리 스트레스를 풀어버리는 것이 가장 급선무이다.

난 짜증이 날 때는 내가 가장 좋아하는 것을 한다. 유튜브 영상에 즐거운 노래를 틀어놓고 따라 부른다. 노래를 부르면 어느새 기분이 좋아진다. 실컷 부르고 나면 속이 후련해진다. 그래도 안 풀리면 코메디 영상을 틀어놓고 실컷 웃는다. 나에게는 웃음보다 더 큰 치료약은 없었다. 그리고 해결을 위해 글을 쓴다. 상대와 오해가 풀리도록 편지를 쓰거나 혼자 글을 쓰기도 한다. 그러면 문제가 해결이 되어 아주 좋은 사이가 된다.

아이들도 앉아서 공부만 하루 종일 하라고 한다면 집중도 떨어지고 오히려 빨리 질려서 공부에 흥미를 잃어버릴지도 모른다. 그래서 학교에서도 중간중간 체육이나 음악 시간, 예체능 시간을 통해 아이들이 활동하면서 활기를 찾을 수 있도록 시간표를 짜지 않는가!

난 특히나 부모님이 두 분 다 암으로 세상을 떠나셨기 때문에 건강 염려증으로 한동안 심한 우울증에 시달려야 했다. 우울증은 마음의 감기라고 했던가! 그 마음의 감기를 10여 년간 앓다 보니 정말 한없이 부정적이고 죽고 싶은 마음만 자꾸 떠올랐다. 정신적으로 정상이 아니다 보니 항상 불안하고 어두웠다. 현대인이 얼마나 우울증을 많이 앓고 있는지 모른다. 누구나 한 번쯤 경험이 있을 것이다. 하물며 연예인들도 많이 우울증으로 자살을 한다. 현대인의 병 우울증, 나 역시도 10여 년간이나 앓았다. 중2 때의 안 좋은 경험으로 시작한 것이 성인이 되어 결혼하고 난 후까지이니 20여 년이라고 해도 과언은 아니다. 그러나 가장 심했던 시절이 10여 년이었다. 정말 죽고 싶은 마음이 올라와서 시도도 몇 번 해보았다. 그러나 자살이 그리 만만하지는 않았다. 그 고통의 늪에서 빠져 나오기 위해 노력도 많이 했다.

오랜 세월 참 많이도 아팠다. 즐거운 인생, 행복한 인생이 되어도 부족할 판에 왜 그리도 내 인생은 우울하기만 했던가! 엄마의 원치 않은 임신으로 시작해서 버려지다시피 한 유아기 시절, 아버지의 병수발로 정신없던 초등학교 시절, 중학교 때 성추행과 구안와사 병, 천식 등 온갖 시련들, 고등학교 때 정신 질환, 졸업 후 신학교 부모님 몰래 혼자 다닐 때의 서러움, 엄마의 인연을 끊겠다는 통보, 부모님의 사망, 큰오빠 집에서 살 때의 올케와 사돈처녀로부터의 시달림, 벗어나기 위해 원치 않은 결혼에 더 심해진 우울증에 참으로 많이 힘들었던 인생이었다. 결혼생활은 더 큰 고통의 연속이었다. 부족한 남편의 경제 활동으로 거리에 버려지게 되고, 결국은 내가 가장이 되어 수습하고 해결해야 하는 팔자가 되어 지금까지 왔다.

현재의 나는 나의 의식의 결과라고 한다. 모든 것이 다 나의 잘못이고, 나의 선택이었다는 말이다. 그런지도 모른다. 우리 부모님으로부터 물려받은 거라고는 무지와 가난의 대물림, 원망, 부정적인 생각들이었다. 그러나 이제 타파하려고 한다. 이제 내 인생도 꽃길만 걷고 싶다. 즐거운 인생, 행복한 인생 말이다. 의식부터 바꾸기로 했다. 부자 마인드, 나도 부자가 될 수 있고 행복할 권리가 있다. 여태 물려받은 의식으로 살아왔다면 이제는 새로운 의식으로 새 출발을 해보련다. 시작이 반이기 때문에 난 이미 그렇게 하고 있다. 잘 노는 아이가 공부도 잘하듯이 잘 노는 어른이 일도 잘 한다. 난 잘 놀아보기로 했다.

부모님의 사망 원인이 암이라는 질병이기 때문에 난 그 병의 이름만 들어도 신경이 곤두서고 심기가 불편했다. 그걸 극복하기 위해 많이 노력을 한 결과 우연한 기회에 이메일을 확인하던 차에 자정요법이라는 걸 발견하게 되었다. 말 그대로 자기 스스로 집에서 병을 고칠 수 있다는 소식이었다. 난 바로 연락하여 모든 걸 아낌없이 사서 배우고 실습을 통해서 익히게 되었다. 내가 원하던 바로 자연치유의 방법이었다. 병원을 싫어하고 무서워하던 나에게는 더없이 귀한 정보였다.

건강 염려증으로 고통 받던 나는 자정요법을 통해 깨끗이 그 병을 고칠 수 있었다. 마음의 감기라는 우울증도 말이다. 역시 사람은 마음의 병이 참 크다는 걸 알았다. 그 병이 없어지자 모든 것이 긍정적으로 변했다. 무조건 웃기로 했다. 건강에 대해 관심을 가지고, 암으로부터 불안감을 없애기 위해 참 많이 건강에 좋다는 것은 이것저것 별의별 것들 다 해보았다. 몸에 좋다는 건 아끼지 않고 다 샀다. 그런데 돈 안 들이고 가장 좋은 비결은 자정요법과 웃음 치료였다. 수천만 원을 들여 먹고 사보고 해도 가장 좋고 효과를 얻은 것은 바로 자정요법과 웃음이 최고였다.

난 학교 다닐 때 박장대소를 잘해서 주변 사람들에게 지적을 당한 적이 많았다. 엄마도 여자 웃음소리가 담장 밖을 넘어가면 안 된다고 하셨다. 그래서인지 자라면서 점점 웃음이 사라지고 어두워져버렸다. 이젠 혼자 있는 시간에는 될 수 있는 한 많이 웃으려고 한다. 일부러 웃기는 영상을 보고 크게 웃는다. 웃으면 복이 온다는 옛말이 정말 맞다. '웃음이란 돌연히 나타나는 승리의 감정'이라고 토마스 홉스는 말했다. 인생이란 웃기 위해 태어났다고 해도 과언이 아니라고 나는 말하고 싶다.

나는 나의 자녀들에게도 많이 웃게 하려고 한다. 뭘 하든 행복해 하고 즐겁게 놀면 나도 행복하다. 그래서 난 아이들이 친구들과 논다고 하면 얼마든지 적극 추천한다. 잘 놀다 오라고 지원을 아끼지 않는다. 스트레스 주어서 좋을 것은 하나도 없기 때문이다. 그래서 아이들이 좋아하는 게임도 노트북을 8대나 사 주면서 열심히 하라고 했고, 공부보다 아이들이 방학을 하면 내가 더 기뻤다. 축하한다고 하면서 실컷 놀고 좋은 추억 만들라고 한다.

어느 봄방학 때의 일이었다. 둘째 아이가 아침에 일어나더니 말도 못 하고 목을 제대로 가누지도 못했다. 이상하다 싶어서 왜 그러냐고 물었다. 그랬더니 초등학교 3학년인 아들이 전 날 친구들과 코인 노래방에서 얼마나 목을 흔들고 소리를 질렀던지 목이 쉬어버리고 목 인대가 손상이 가서 움직일 수가 없을 정도로 아프다는 것이다. 난 목을 제대로 못 움직이는 아들을 보고 웃음이 나왔다. 어린애들이 얼마나 신나게 놀았으면 이렇게 몸이 아플 정도인가! 난 한참을 웃으며 목을 찜질을 해주었다. "그렇게 재미있었니?" 하고 물었더니 고개만 끄덕였다. 말도 안 나오니 고개만 끄덕일 수밖에! 우리 아이에게 이런 열정이 있구나 싶어서 속으로 너무 기분이 좋았다. 뭘 해도 열심히 잘 하겠구나 싶었기 때문이다.

그리하여 둘째는 10년째 태권도를 아주 열심히 잘하고 있다. 학교생활 하면서 힘들 때도 있었는데 끝까지 최선을 다하고 있다. 또한 고등학교 때부터 다니는 회사를 3년째 다니고 있다. 엄마인 나도 끈기가 없어서 기껏 3개월도 못 버티고 나온 직장이 허다한데 말이다. 그래서 난 가끔 우리 아들이 나보다 낫다고 여겨진다. 이것이 어쩌면 어려서부터 강하게 정신력을 키워서 그런 건지도 모르겠다. 내가 아들에게 회사 생활 힘들지 않느냐고 물으면 태권도보다는 낫다고 한다. 태권도는 정말 더 힘들었다고 한다. 강한 체력운동과, 다리 찢기, 덤블링, 마샬 아츠트레킹 등 정말 고난이도를 훈련 받는 거라서 회사 생활은 오히려 쉽다고 한다. 역시 젊어서부터 고생을 해본 아이라서 힘든 회사 생활이 쉽다고 한다.

큰애도 친구 아빠의 가구 배달 일을 도와주면서 얼마나 힘이 들었던지, 현재 새벽 5시 반에 나가 하는 알바가 그에 비하면 쉽다고 한다. 그리고 집에서 게임만 하고 노는 것보다 나가서 일하고 돈도 벌 수 있어 너무 좋다고 한다.

우리 두 아이들은 정말이지 나보다 낫다. 어려서부터 뭔가를 잘하라고 강요하거나 스트레스 준 적이 없기에 스스로 컨트롤해가며 즐거움을 찾고 일을 하니 말이다.

"사랑하는 아들들아! 너희에게 엄마가 배워야 하겠구나! 하하하하! 엄마는 너희들이 참으로 볼수록 보배롭고 사랑스럽단다. 건강하게 열심히 즐겁게 살아가자꾸나! 사랑한다!"

칭찬만으로도 아이는 훌륭하게 자란다

칭찬은 바보를 천재로 만든다. 말도 못 하고 듣지도 못 하고 보지도 못 하던 헬렌 켈러에게 기적을 만들어주었다. 설리번 선생님은 헬렌 켈러를 칭찬과 격려로 훌륭한 일을 하는 인물로 만들어주었다.

10점을 맞다가 20점을 맞는 것은 대단한 향상이다. 칭찬을 듣고 또 들으면 30점이 되고 50점이 되다가 끝내는 100점이 되어버린다. 칭찬은 불가능의 벽을 깨뜨리는 놀라운 힘이 있기 때문이다. 칭찬은 어떤 훈장과도 비교될 수 없을 정도의 큰 훈장이다.

"사소한 일을 '잘했다! 잘했다!'라고 칭찬해 주면 칭찬 받은 사람은 상상을

초월해서 노력한다!" - 필립 브룩스

칭찬의 힘이 이렇게 큰 줄 몰랐다. 칭찬을 들으면 기분이 좋아진다는 것만 알았지 이렇게 큰 힘을 발휘한다는 것은 이제야 알았다. 진작에 우리 아이들에게 아주 작은 일에도 칭찬을 수없이 아끼지 않을 것을 후회가 된다. 지금도 늦지 않았으니 지금 당장 아이들에게 칭찬을 하여야겠다.

나도 어렸을 때 엄마에게 몇 번 칭찬을 들었던 기억이 있다. 나의 어머니는 학교 근처도 못가 보시고 너무 일만 하고 고생만 하신 분이었다. 너무 불쌍하다. 아버지께서는 동네 이장을 10여 년간 하시는 동안 어머니는 집안일과 농사일을 한없이 혼자 하셔야 했다. 아버지께서는 도와주는 법이 없었다. 그런 아버지를 어머니는 원망하셨다. 동네 일만 보고 다니시고 집안일은 안 돌봐주신다고 우리에게 넋두리를 풀어놓으셨다. 남편 복이 없다고 말이다. 그래서 항상 우리 형제들에게 일을 도와 달라고 했고, 어린 나까지도 일을 시켰다.

어머니가 가끔 기분이 좋을 때는 나를 예뻐해주시기도 했다. 이 세상에서 최고로 예쁘다고까지 하셨다. 난 그 말이 엄마에게 들어본 최고의 칭찬이었다. 어렸을 때는 생일이 빨라서 친구들보다 키가 컸다. 그러나 지금은 중1 때의 키가 그대로이다. 아주 작은 키이지만 어린 시절 다른 애들보다 컸던 기억에 아직도 키에 대한 콤플렉스가 없다. 그리고 엄마의 예쁘다는 그 칭찬이 지금도 이 세상에서 내가 가장 예쁘다고 생각한다. 하하하! 그러고 보니 정말 칭찬의 힘이 크다는 걸 느낀다.

그런데 난 우리 아이들에게 그렇게 많이 칭찬을 못 해준 것 같다. 내가 그래도 한다고 한 칭찬 중에는 아이들의 외모에 대해 칭찬을 좀 한 기억이 난다. 큰애의 얼굴은 나를 닮아 얼굴이 둥글둥글하다. 딱히 키가 큰 것도 아니고 해서 얼굴에 대해 최대한 칭찬을 밀어붙이기로 했다.

큰애는 어려서부터 워낙 엄마의 힘들었던 시절 사랑을 받지 못하고 자라서 자존감이 많이 낮았다. 자기는 잘한 것도 없고 아무것도 하기 싫다고 한 적이 있어서 난 뭐라도 칭찬을 해줘야겠다고 생각하고 이렇게 말했다. "우리 명철이는 얼굴이 너무 잘 생겼어. 나중에 어른들이 아주 좋아하는 얼굴이야!"라고! 아들은 " 에이, 말도 안 돼요, 엄마." 하면서 부인을 했지만 싫은 내색은 보이지 않았다. 칭찬을 안 한 것보다는 나을 것이니까 나는 여러 차례 그 말을 해주었다.

그 말이 틀린 말이 아니라는 것이 증명되었다. 이번에 알바 가는 곳에 이력서를 내고 면접을 봤는데 사장님이 인상이 아주 좋다고 착하게 생겨서 마음에 든다고 당장 일을 해달라고 했던 것이다.

둘째에게는 또 이렇게 칭찬을 했다. 둘째는 운동을 하여 몸매가 아주 끝내준다. 그래서 "우리 총명이는 몸매가 비너스야! 세상에서 최고 몸매가 멋지다는 말이야!" 이 말을 들은 아들은 우쭐우쭐하며 좋아했다. 그 말을 듣고 아이는 방학 때도 운동을 쉬지 않고 헬스장을 다니며 근육을 키우고 집에서도 열심히 팔 굽혀 펴기를 30회씩 하고 잔다. 진짜 둘째는 내가 부러워 할 만큼 몸매가 잘 빠졌다. 운동의 효과라고 할 수 있다. 애플 힙이 특히 부럽다.

이렇듯 사람의 참 모습은 칭찬에서 나타나고 칭찬을 통해 행복한 가정, 신나는 세상이 펼쳐진다고 하니 앞으로 더 많이 칭찬을 하여야겠다고 생각이 든다.

몇 년 전에 아주 끔찍한 사건이 세상을 떠들썩하게 했다. 전교 일등 하던 모범생 고3 학생이 엄마를 살해한 사건이다. 엄마가 공부만을 강요하고 골프채로 200여 대를 때려서 참다못한 아들이 엄마를 살해한 사건이다. 정말이 얼마나 비극적인 결말인가! 엄마는 자기의 한을 아이에게 풀려는 것인지 얼마나 많은 학대를 했으면 아이는 전교 일등을 했지만, 결국은 자기 아들에게 살해를 당한 것이다. 아이들도 감정이 있는 독립체인데 공부를 시키려고 야구 방망이와 골프채로 그것도 200여 대를 때렸으니 참아낼 아이가 어디 있겠는가! 이건 정말이지 너무 심한 학대다! 아이와 엄마 둘 다 비극적으로 끝나버리지 않은가 말이다. 난 아이는 잘못이 없다고 본다. 그렇게 만든 부모의 영향이 더 큰 문제라고 본다.

세상 모든 부모들이여! 아이들은 칭찬만으로도 충분히 훌륭하게 잘 자란다. 제발 폭언이나 폭행, 학대는 하지 말자! 결코 좋은 결과를 얻지 못한다는 걸 잊지 말자!

가까운 나의 지인도 끔찍한 사고를 당했다. 아들이 PC방을 날이면 날마다 가는데 자꾸 돈을 달라고 하니까 안 주자 잠자고 있는 엄마 아빠를 둔기로 머리를 내리쳐서 죽인 사건이었다. 그 엄마는 딱 한 번 봤지만 내가 알고 있었던 분의 언니이고, 너무 좋으신 분이었는데 믿기지가 않았다. 아마도 아버지의 행동이 아이에게 화를 불러 일으켜서 참지 못하고 홧김에 그런 사고를 친 것이 아닌가 싶다. 게임이 사람을 미치게 하는 것인지, 부모가 게임만 하는 아들을 미워해서 아이가 원한을 쌓은 것인지 자세히는 모르나 자녀가 부모를 죽이는 존속 살해가 말이나 되는 일인가 말이다.

그런데 이런 일은 끊이지 않고 일어나고 있다. 해외에서도 마찬가지이다. 대부분 부모의 엄한 훈육이라든지 아이들에게 공포를 일으키거나 화를 내게 만드는 가정이 그런 사건을 일으키게 하는 이유가 되었다. 어린아이들이라고 해서 마냥 어리게만 보면 안 된다는 것이다.

아이들도 행복할 권리가 있고, 하고 싶은 거 할 권리는 있다. 왜 자기의 소유물로 여기고 함부로 해서 아이들로 하여금 분노를 일으켜 끔찍한 살인을 하게 만드는가! 목숨이 두렵다면 아이들에게 약하다는 이유로 어리다는 이유로 함부로 화풀이 대상으로 삼아 폭언이나 폭행을 하지 말자. 아이들 마음속에 분노를 저장하게끔 하지 말자. 아이들은 행복하게만 자라도 부족할 사랑스런 우리의 보물이다.

나는 성인이 되어서도 지적보다 칭찬이 훨씬 듣기 좋다. 누구나 같은 마음일 것이다. 미운 사람일수록 칭찬을 해주면 언젠가 나를 위해 큰일을 해줄 것이라는 말이 있다. 그런데 우리의 직장 내에서는 서로 헐뜯기를 좋아한다. 내가 신입일 때의 일이다. 원장님이 직원 회식 때 신입 환영식에서 나를 예뻐한다고 하면서 젊은 사람이 이런 힘든 일을 하는 것을 참 좋게 생각을 한다고 칭찬을 해주셨다. 그런데 그 말을 들은 선배 언니들은 원장의 그 말이 결코 기분 좋은 소리가 아니었던 것이다. 자기들은 나보다 20년이나 많기 때문에 그 말을 듣는 순간 버림받은 느낌이 들었던 모양이다.

그 회식이 끝난 후부터 나의 시련기는 시작이 되었던 것이다. 전 직원이 도모해서 나를 핍박하기 시작했다. 사소한 일에 서로 흉을 보고 뭉쳐서 나를 몰아내려고 했던 것이다. 비아냥거리는 말투로 "너는 좋겠다. 원장이 예뻐해 줘서." 하는 것이다. 그리고 내가 그들끼리 한 얘기나 마음에 안 드는 부분을 원장에게 고자질한다는 것이다. 아니라고 부인을 해도 믿어주지도 않고 계속 왜 고자질을 하냐고 나를 왕따 취급을 하는 것이다. 특히 원장을 좋아하던 여직원은 나를 미워하여 사사건건 트집을 잡아 못살게 굴었다. 난 너무 화가 나서 사고까지 나게 되었다. 다친 곳은 없었지만 차는 망가졌다.

그 뒤로 난 견디지 못하고 그만두겠다고 원장님께 말을 했다. 원장님은 좀 더 생각해보라고 하며 나를 잡아주었다. 그렇게 나에게 원한을 사던 사람들은 나름대로 본인들도 피눈물 나는 고통을 받게 되더라는 것이다. 신기하게 나를 악의적으로 괴롭히던 사람들은 다 나에게 한 그대로 받더라는 것을 알게 되었다. 그래서 괜히 남을 해치면 자기도 그대로 당한다는 것이다. 결국 남을 해치는 자는 자신을 해치는 것과 같다는 걸 잊지 말아야 했다. 이왕이면 칭찬으로 서로 행복을 도모하는 것이 백 번 낫다는 걸 기억하자. 아이들에게도 말이다.

다양한 경험과 감성, 풍부한 상상력을 지닌 아이로 키워라

옥성호 국제제자훈련원 본부장은 몇 년 전 〈세바시〉 프로그램에서 "스펙보다 중요한 것이 경험이다!"라고 말한 바 있다. 그는 MBA, 즉 경영학 석사를 졸업하고 특허 분석회사에 입사했다. 나름 빵빵한 스펙을 가지고 남들이 들어가기 힘든 회사에 입사하여 미국으로 발령을 받아 회사를 설립하게 되었다고 한다. 그는 혼자 회사를 운영해야 하는 입장에서 미국의 특허 부서에 전화를 해서 오더를 받기 위해 컨택을 하기로 하고 2주간 준비를 완벽하게 했다고 한다. 다 준비가 되었다 생각하고 어느 큰 회사 사장에게 첫 전화를 자신 있게 했다. 힘들게 준비해서 확신을 가지고 완벽하게 전화를 했다고 생각하고 상대의 반응을 기다렸다. 그런데 그 사장의 대답은 한마디로 끝났다고 한다.

"나는 네가 누군지도 모르겠고 네 회사가 뭘 하는 회사인지도 모르겠다. 앞으로 다시는 이런 전화하지 마!"

그 대답을 듣고 그는 멍하니 한참을 수화기를 내리지 못한 채 있었다며 그 시절을 회상했다. 좌절하며 트라우마까지 생기게 된 그날이었다고 한다. 처음으로 했던 그 경험이 스펙을 완전히 뭉개버리는 일이 되었기 때문이다. 스펙을 이기는 것은 경험이라고 큰 깨달음을 얻은 일화를 소개 했다.

경험을 통해서 하나하나 경우의 수를 쌓아가는 하루가 된다면 스펙보다 몇 배의 가치 있는 전문가가 될 수 있다는 것이다. 우리 아이들 역시 스펙은 그리 많이 쌓지는 못했다. 그저 대한민국 아이들이 다니는 정규 과정인 학교 정도 나온 것이 다이다. 그것도 딱 의무 교육 고등학교 졸업이 끝이다. 그것도 둘 다 특목고인 공업고등학교이다. 둘째는 고등학교 2학년 때부터 회사를 겸하여 다녔고, 큰애 역시 고3 때 전문 하사의 길로 가게 되었다. 그리고 그 둘은 이제 갓 20세, 22세인 사회 초년생이다.

그런데 난 아이들이 학교에서 배우는 것은 고등학교 지식으로 충분하다고 생각한다. 그리고 일찍 사회생활을 경험해보게 하는 것이 험난한 앞으로의 삶에 좀 더 익숙해지지 않을까 싶었다. 물론 아이들이 전교 수석을 했다거나 공부를 너무 좋아 했다면 생각이 달랐을 수도 있다. 그러나 우리 아이들은 성적 때문에 스트레스 받지 않으면서 자유분방하게 학교를 다녔다. 그렇지만 난 우리나라에서 고등학교까지 나온 우리 아이들이 참 안쓰럽고 자랑스럽다고 생각한다. 아무리 엄마가 성적을 가지고 부담 주지 않아도 좁은 교실 안에서 답답하게 하루 종일 숨 막히게 앉아 있다가 오는 것이 안쓰러웠기 때문이다.

나는 사회에서 여러 가지 일을 경험해보게 하고 싶다. 큰애는 벌써 가구 배달 일도 해보고 지금은 주유소에서 일을 한다. 벌써 두 가지 일을 경험하고 있다. 오늘도 아들이 자신의 실수로 만 원을 손해 봤다는 것이다.

"엄마, 나 오늘 실수해서 만 원 까였어요!"

난 이렇게 대답했다.

"아이쿠야! 치킨 한 번 참아야겠구나! 한 달도 아직 안 되었는데 어떻게 완벽할 수 있겠니! 그렇게 실수하면서 나중에는 베테랑이 되어가는 거야! 경험과 경력은 무시할 수 없단다!"

그러자 아들도 "그렇긴 해. 생각해보니 아직 한 달도 안 되었네." 하면서 나의 말에 속상한 마음을 누그렸다. 그리고 난 덧붙였다.

“네가 사장이라고 생각하고 일을 해봐! 훨씬 보는 눈이 달라지고 일도 세세하게 꼼꼼하게 잘할 수 있을지도 몰라!”

그러자 아들은 부담스러운지 “주인의식은 좋은데, 내가 건물주는 아니니까요.” 이렇게 내 말을 회피했다. 그러자 난 맞대응했다.

“건물주라고 생각하는 것은 돈이 안 드는 일이야! 공짜니까 해도 돼.”

그러자 아들은 웃으면서 힘들다고 답했다. 그리고는 회사에서 점심을 먹고 나서 배부르다고 했다. 그래서 난 그럼 직원 알바 마인드는 3개월까지 하고, 그 후로는 사장 마인드로 전환해보라고 했다. 이미 배는 사장 배이니까 준비는 되었다고 하면서 말이다. 하하하! 아들의 왕성한 식욕 덕분에 배가 좀 나온 상황이었다. 그러면서 바로 말투를 바꿨다.

“사장님! 지금 어디십니까?”

그러자 아들은 웃으면서 버스 타고 가고 있다고 했다. 기분이 나쁘지는 않은 모양이었다. 사장의 대우를 해주면 아이가 어떤 느낌인지 느껴보게 하고 싶었다. 그리고 난 믿어본다. 분명 우리 아들이 사장이 될 것이라는 생각 말이다. 칭찬해주고 격려해주고 응원해주면 언젠가는 아들도 반응을 보일 때가 있을 것이기 때문이다.

“가장 높이 나는 새가 가장 멀리 본다!”라는 말이 있다. 리차드 바크의 『갈매기의 꿈』이라는 책의 내용에서 나오는 글귀이다. 주인공 조나단 리빙스턴이란 갈매기의 꿈과 이상을 대변하는 말이기도 하다. 내가 어렸을 때의 들었던 이야기로 그때 선풍적인 인기를 끌었다. 이 글귀는 노트, 책받침 등 학용품의 어디든 갈매기의 사진과 함께 적혀진 글귀였다.

그때는 이 말의 참 의미를 몰랐다. 성인이 되어서 영화로 여러 차례 본 뒤에야 그 깊은 의미를 알게 되었다. 조나단은 다른 갈매기들처럼 바다에 어부들이 버린 물고기를 서로 먹으려고 싸우는 것에 연연하지 않았다. 자유의 참 의미를 깨닫기 위해 비상을 꿈꾸는 갈매기였다. 여기서 우리는 진정한 자유와 자아실현을 위해 아주 고단한 비상의 꿈을 이뤄야 한다는 것을 깨닫게 된다.

직장 생활에 얽매어 진정한 자신의 꿈을 잃고 살아가는 현대인들에게 일침을 가하는 이야기였다. 나도 나이 50이 다 되어가니 여태 내가 없는 삶을 살았다는 것을 알게 되었다. 앞으로는 나의 꿈과 이상을 위해 살기로 했다. 땅만 쳐다보며 눈앞에 보이는 것만 얻으려는 거지나 노예처럼 살아 왔다면 이제부터는 아주 높이 날아올라 멀리 바라보는 고도의 의식을 가진 나로 살아 보기로 했다. 바로 의식의 전환, 의식 확장을 통해서 말이다.

"하늘은 스스로 돕는 자를 돕는다!"라고 했다. 나 스스로를 세우지 않으면 그 누구도 나를 세워주지 않는다. 의식의 전환으로 나부터 수준을 올려보자. 내 아이들도 분명 이런 엄마를 보고 느끼는 것이 있을 것이다. 지극히 평범한 아이로 키우는 것도 좋지만, 개성과 끼가 넘치는 아이로 키워주는 것도 아주 훌륭하다고 생각한다. 그러기 위해서는 풍부한 경험과 감성, 그리고 풍부한 상상력을 지닌 아이로 자라도록 도와주는 것이 중요하다.

이런 경험이 있다. 『시크릿』을 읽고 나서 원하는 꿈 리스트를 벽에다 적어놓고 시각화하였다. 아이들이 한 번씩 묻는다.

"엄마, 저렇게 적어놓으면 뭐가 이뤄지나요?"

나는 5가지 꿈 리스트를 적어 두었는데 한 가지 빼고 다 꿈이 이루어졌다. 벽에 적어 둔 것이 이뤄진 것을 설명해주며 아이들에게 "너희들도 엄마처럼 간절히 원하는 것을 적어놓고 이뤄졌다고 생각하고 행복해 해봐."라고 대답했다. 아이들은 엄마의 희열에 찬 얼굴을 보면서 어떤 생각을 했을까! 그건 각자에게 맡기겠다. 아이들은 여러 가지 감성을 가지고 상상했을 것이다. 마음속으로 뭔가를 원하는 것을 생각하며 자기도 바람을 해봤을 수도 있다.

지금은 난 해빙 노트를 적고 있다. 전 국민이 이 해빙을 했으면 한다는 어느 작가의 말이 떠오른다. 『더 해빙』은 우리나라에서 최초로 해외에 진출한 자기 계발서인데 그 인기가 폭발적이다.

책의 주인공인 이서윤은 어려서부터 수많은 책과 자료를 모아 부와 행운의 데이터를 확보하여 16세 때부터 대기업의 오너들을 상담해줄 정도로 대단한 사람이었다고 한다. 그녀의 잠재된 능력을 발견한 사람은 그녀의 할머니였다. 사주를 통해 다른 사람의 운명을 읽어주는 할머니는 자신의 손녀를 바로 이렇게 위대한 인물로 키워주신 것이다. 무려 그녀는 10만 건의 데이터를 수집하여 통계를 내는 일을 어려서부터 해냈다는 것이다. 7세부터 어려운 동서양의 고전을 읽고, 부와 행운의 길로 들어서는 비법을 터득한 것이다. 아마도 전 세계의 구루가 될 수도 있을 것 같다. 우리나라에 이런 인물이 존재한다는 것이 행복하고 뿌듯해진다. 이미 부자가 된 기분이다.

난 우리 아이들에게 지금부터라도 아직 남은 100년의 인생을 더 값지게 살아보게 하고 싶다. 해빙하면서 말이다. 상상의 힘을 키워줘야 했다. 이서윤처럼 어려서부터 키워줬다면 더 좋았을 것이다. 그러나 이서윤 작가는 나이는 상관없다고 했다. 50이 다 된 나에게도 아직은 희망이 있는데 이제 20이 갓 넘은 아이들에게는 얼마나 더 많은 기회가 있는가 말이다.

이제 아이들과 함께 해빙을 하면서 아직 다 사용하지 못한 나에게 주어진 부와 행운을 만나볼 계획이다. 이 책을 읽은 모든 독자들에게도 권하고 싶다. 부모님들로부터 물려받은 가난한 의식, 현실에 안주하는 나를 버리고 풍부한 상상력을 발휘하여 의식을 전환하고 확장하여 부자 마인드를 가져보기를 바란다.

행복한 아이로 키우고 싶다면 사랑으로 가르쳐라

행복한 아이로 키우고 싶다면 사랑으로 가르쳐라. 누구나 내 아이가 불행해지는 걸 원하는 사람은 아무도 없다. 그런데 왜 자살하는 아이들이 나오고 불행해 하는 아이들이 나오는 것일까?

'가화만사성'이란 단어가 있다. 가정이 화목해야 모든 일이 다 잘된다는 말이다. 그런데 나부터서 아이들에게 화목한 가정을 만들어주었는가? 되물어본다면 할 말이 없다. 무색해진다. 나와 남편이 둘 다 어려서 화목한 가정을 보고 자라지 못했기 때문에 우리 역시도 아이들에게 화목한 가정을 만들어주지 못했다. 서로 사랑하고 아끼는 웃음꽃이 피어나는 가정을 아이들에게 물려줘야 하는데 말이다. 그러기 위해서는 성숙한 두 사람이, 진정한 사랑을 아는 두 사람이 만나 가정을 꾸려서 아이를 낳아야 한다. 그런데 그러지 못했다. 그래서 아이들에게 면목이 없다.

그러나 그런 무의식의 세계를 인식하지 못한 상태에서 이제 깨어났다. 많은 연습과 노력과 단련 끝에 변하게 되었다. 나 자신부터 변해야 상대도 변하고 아이들도 변한다는 걸 깨달았다. 나의 생각과 무의식 속 자아가 우물 안의 개구리처럼 좁은 의식이었다는 걸 인식하고 좀 더 형이상학적으로 폭 넓은 고차원의 의식으로 발전해야 된다. 그리고 마음의 모든 상처가 치유되어서 나부터 사랑하게 되고, 모든 열등감이나 트라우마가 치유됐을 때 온전해지고 타인에게 사랑과 용서를 할 수 있다는 것이다.

완벽한 인간은 아무도 없다. 누구나 실수와 첫 경험은 있다. 처음으로 태어나서 처음으로 딸로서 살아보았고 결혼도 하고 아이도 처음 낳아 길러본 우리다. 처음부터 다 잘할 수는 없다는 것이다.

시행착오를 겪으면서 발전해 나가면 된다. 죄책감은 버리고 반성하는 마음으로 못해준 만큼 더 잘해주면 아이들은 금방 변한다. 사랑의 힘이다. 태어나면서부터 불행한 아이는 결코 없다. 불행한 부모가 있을 뿐이다. 지금까지 내가 아이들에게 불행을 줬다면 이제부터라도 사랑을 주자. 듬뿍 주자.

부족과 잘못을 깨달은 순간이 변화의 시작이다. 사랑으로 가르치면 부작용이 없다. 아이는 자신이 사랑받는 존재라는 걸 몸과 마음으로 느끼며 행복해 한다. 열등감이나 낮은 자존감은 부모가 사랑으로 가르치지 않고, 자기 감정에 따라 가르쳤기 때문이다.

남편의 주식 투자로 길거리에 나앉게 되고 거지가 되어버렸다. 남편은 충격과 1년간 쌓아온 스트레스로 멘탈이 무너져버렸다. 한의원을 데리고 다니면서 치료를 받게 했다. 거의 제정신이 아닌 남편이 어떻게 될까 봐 불안하기도 하고 불쌍하기도 했다. 난 남편에게 너무 스트레스 받지 말라고 다시 시작하면 된다고 위로를 했다. 어떻게든 남편의 다운된 멘탈을 끌어 올려야 했기 때문에 괜찮다고 했다.

그런데 남편의 여동생이 시동생 돈 3천만 원을 오빠에게 불려주라고 맡겼는데 다 날려버렸고, 지인의 돈과 직장 동료의 돈을 모두 날려버렸다. 본인 돈은 물론 타인의 돈까지 다 날려버렸다. 처음에 잘했을 때 자랑하여 돈을 불려주겠다고 했는지 뭘 믿고 그렇게들 돈을 맡겼는지 모르겠다. 고생 없이 자란 탓인지, 장남이라 쉽게 돈을 벌어보려는 욕심이 생긴 것인지, 투자 회사에 입사한 뒤 주식을 하기 시작하여 완전히 바닥을 친 것이다.

난 그때까지만 해도 가정주부로서 남편이 그렇게 주식을 한지 몰랐다. 나에게 말을 안 한 것이다. 결국 카드깡을 하며 돌려 막다가 일이 터져버린 것이다. 처음 당한 일이라 놀라고 무서웠다. 강하게 마음을 먹어야 했다. 남편 그늘 아래 살아보려 했던 나의 안일한 생각은 거기서 멈춰야 했다. 그때부터 나는 가장이 되어야 했다. 더 이상 남편에게 경제권을 맡기고 살 수가 없었다. 남편은 아무것도 못할 정도로 다운되어 있어서 돈 문제에 대해 언급을 할 수가 없었다.

남편은 요양 차원으로 제일 하고 싶은 일을 하게 할 수밖에 없었다. 난 30대 후반에 할 수 있는 일이 없었다. 지인의 권유로 요양보호사 자격증을 취득하여 일을 하기 시작했다. 한 여름에 네 분의 집을 다니며 방문 요양 일을 하였다. 생전 처음 해 본 일이어서 힘들었지만 불쌍한 아이들을 위해 열심히 일을 하였다.

아침 일찍 힘든 일을 하고 점심시간에 잠간 짬을 내어 집에 들어와보면 남편은 팬티 바람으로 시원하게 선풍기 앞에서 부채질을 하고 있었다. 얼마나 더웠으면 선풍기를 틀어놓고 부채질까지 할까 할 정도로 더운 여름이었다. 난 땀을 뻘뻘 흘리며 집에서 밥을 먹으려고 밥통을 열어보니 아침에 한 공기 정도 남아 있던 밥이 없어졌다. 남편이 먹어 치운 것이다. 아주 바쁜 와중에 왔는데 난 할 수없이 라면을 얼른 끓여서 먹고 갔다. 눈에서 열기가 났다. 화도 나고 눈물도 났다.

몇 년간 그러다 보니 집에서 놀기만 하는 남편이 미워지기 시작했다. 일을 마치고 집으로 와서 주차장에 남편 차가 있으면 도망가고 싶어졌다. 나는 죽을힘을 다해 한 푼 두 푼 모으고 있는데 남편은 일만 저질러놓고 놀고만 있으니 짜증이 났다. 꼴 보기가 싫어졌다. 그걸 내색 안 하고 집으로 들어가면 숨이 막혔다. 남편은 뭘 해도 돈을 못 벌고 사고만 치니 일을 하라고 할 수도 없었다. 점점 쌓이다 보니 어느새 화병이 나기 시작했다. 남편 얼굴만 봐도 화가 나고 나가버렸으면 했다.

결국 남편을 내쫓기로 했다. 따로 살기로 했다. 도저히 얼굴과 목소리까지 듣기도 싫었다. 과거에 남편이 나에게 했던 폭행과 폭언이 한꺼번에 터져버렸다. 나도 모르게 감정이 쌓여 있었던 모양이다. 폭발하니 더 이상 남편의 얼굴을 보고 살 수가 없었다.

남편은 내가 너무 힘들어 하니 나가주었다. 처음에는 지인 집에서 얹혀살더니 일용직 일을 하여 돈을 벌어서 원룸에서 살았다. 아이들은 아빠 없이 내가 키우기로 했다. 같이 살면서 불화를 보이고 싶지 않았다. 사랑 없이 결혼을 하다 보니 사는 것이 전혀 행복하지가 않았다. 차라리 안 보고 사는 것이 더 행복했다.

아이들은 어떻게든 내가 책임지고 잘 키워보리라 다짐했다. 나름 잘 키웠다고 생각했으나 아이들은 어딘지 모르게 얼굴에 그늘이 보였다. 큰애는 가끔 이렇게 물었다.

"엄마, 왜 우리는 아빠랑 따로 살아요?"

아이들은 아빠랑 따로 사는 것이 정상적인 가정이 아니라는 생각이 들었나 보다. 난 할 말이 없었다. 아이들과는 상관없는 이유에서 엄마 아빠만의 문제로 아이들이 상처를 받는다는 것이 미안했다. 어떻게든 아이를 설득해야 했다.

"응. 엄마가 아빠를 사랑하기 때문에 따로 사는 거야! 아빠는 항상 남을 의지하려는 약한 사람이야! 그래서 강한 정신력을 키우게 하려고 엄마가 아빠를 훈련시키는 거야!"

다른 이유를 댈 것이 없었다. 그리고 덧붙였다.

"엄마는 아빠가 집에서 놀고 있는 모습을 보면 화가 난다. 그래서 차라리 안 보는 것이 낫다고 생각해서 내보낸 거야! 아빠가 정신을 차리면 그때 다시 합칠 거야 걱정 마!"

아이들은 이해를 했는지 못 했는지 여전히 얼굴은 어두웠다. 둘째는 또 이렇게 물었다.

"엄마! 애들이 물어보면 뭐라고 말을 해야 해요 ? 엄마 아빠 이혼한 거예요?"

"아냐! 엄마 아빠가 매일 싸우는 모습을 너희들에게 보이고 싶지 않아서 당분간 따로 사는 거야! 그리고 너희들에게 이건 좋은 경험이 될 수 있어! 요즘은 많은 애들이 엄마나 아빠가 없는 한부모 가정, 이혼한 가정에서 자라잖아! 너희들은 그걸 경험해봤으니까 그런 애들을 이해해줄 수 있고, 위로해줄 수 있잖아!"

난 이렇게라도 아이들을 위로하고 싶었다.

지금은 아이들을 위해 네 식구가 함께 살고 있다. 큰애 생일날 난 물었다. "명철이 소원이 뭐니? 꿈이 뭐야?" 하고 말이다. 큰애는 뜻밖의 대답을 했다.

"우리 네 식구 다 같이 모여서 밥 먹는 것이 소원이예요!"

나는 그 대답을 듣고 가슴이 뭉클했다. 부모가 함께 살지 않는 것이 아이들에게는 큰 상처이고, 마음 한구석에 아무리 엄마가 잘해줘도 채워지지 않은 뭔가가 있었다는 걸 말이다. 그래서 당장 소원을 들어주기로 했다. 아들 생일 날 네 식구 밥을 먹었다. 그리고 합치기로 했다.

아무리 내가 잘해주어도 아이들에게는 아빠가 필요하다는 걸 알았다. 나 혼자 편하자고 떨어져 사는 것이 아이들에게는 상처가 될 수 있다는 것을 알았다. 애써 모른 척하려 했는데 아이들에게는 평생 한이 될 수도 있겠구나 싶었다. 그래서 억누르고 참았던 큰애의 소원을 들어주기로 했다. 그 뒤로 매주 토요일 네 식구 밥을 먹었다. 몇 년 만에 함께 모여 식사를 한 것이다.

아이를 사랑한다고 말로만 하는 것이 아니라 아이의 마음을 읽어주는 것이 진정한 사랑이라는 걸 깨달았다. 아이를 낳는 것이 다가 아니다. 사랑으로 잘 키우는 것이 더 중요하다. 아무리 잘못 키웠더라도 반성하고 고치는 순간 아이들은 당장 그 마음을 알아준다. 어른들이 먼저 변해야 아이들도 변한다. 상처 받은 마음을 치유해 주고 감싸주자. 아이들은 부모의 그런 사랑을 원하고 있다. 이기적인 엄마 아빠의 모습을 보고 자란다면, '나는 안 그래야지' 하면서도 똑같이 닮아가 있다. 내가 그렇게 부모의 성격과 의식을 닮은 것 같이 말이다.

제5장

아이를
세상의 중심으로
키워라

당신은 좋은 부모입니까?

좋은 부모란 어떤 부모일까? 전문가는 좋은 부모에 대해 이렇게 이야기한다.

"한 아이가 독립된 성인으로 자라나서 자신의 삶을 책임지고 행복하게 영위할 수 있도록 이끌어주고 조력해주는 사람."

자녀에게 부모는 신적인 존재와 같다고 한다. 그러나 살아가면서 아이에게 그 신적인 부모가 많은 실수를 하면서 점점 인간으로 내려오게 된다. 난 아이들이 나를 신적인 존재로까지 바라봐주기를 바라지는 않는다. 그저 친구 같은 부모면 최고 좋은 부모라고 생각한다. 내가 어렸을 때 부모는 아주 무서운 존재, 내가 잘못했을 때 혼내는 존재, 가까이 하기엔 너무 먼 존재였다. 엄마에게는 가끔 칭찬을 받은 기억이 있으나 아버지에게는 칭찬을 한 번도 받은 기억이 없다. 그냥 위엄 있는 존재였다. 그렇다면 과연 나는 아이들에게 어떤 존재일까?

다행히 우리 아이들은 엄마 아빠를 무서워하지는 않은 것 같다. 아주 어려서 물론 혼낼 때는 무서웠을 수도 있다, 그러나 성장해서 아이들이 성인이 되었을 때 얼마나 부모를 편하게 생각하고 친구처럼 생각 할 수 있는가를 보면 자라면서 어떻게 양육을 했는가의 결과가 나온다. 자기 또래의 친구같이 편하지는 않을 수도 있지만, 적어도 말도 하고 싶지 않은 존재가 되어서는 안 된다고 생각한다. 아이들이 엄마 아빠를 생각할 때 편안하게 고민이 생겼을 때 대화하고 싶은 존재로 느껴진다면 성공했다고 생각한다.

어려서 아이의 선택권은 부모에게 거의 다 있다고 봐도 된다. 그러나 아이가 성장해서 생각을 하게 될 나이가 되면 그 선택권은 자연스럽게 아이에게로 넘어가야 된다. 그러나 대부분 한국 부모들은 그 선택권, 결정권을 부모가 평생 가지고 있는 경우가 많다. 그래서 마마보이 마마 걸이 나온 것이다. 아이들의 의지와 결정권을 뭉개버리는 결과를 가져온다. 결정 장애, 선택 장애 같은 어려움을 겪는 사람들이 많은 이유도 다 이런 부모의 주도권을 뺏는 행위에서 온 것이다. 어려서부터 아이에게 선택권을 가지고 스스로 선택

할 수 있는 힘을 길러줘야 한다고 생각한다.

어느 날 둘째가 중학교 3학년의 시기에 같이 차를 타고 가는 중에 고민을 털어놓았다.

"엄마, 나 어떻게 할까요?"

"뭘?"

"대학교를 갈까요, 아님 회사 취직을 할까요?"

고등학교 인문계와 공업고를 두고 고민한다는 것이다. 대학교도 가고 싶고, 돈도 벌고 싶다는 것이다. 나도 고민이 되었다. 어떻게 아이에게 말을 해야 할지 어려웠다. "대학교를 가면 행복할 것 같아?" 하고 물었다.

"꼭 그런 건 아닌데, 친구들이 다 대학 진학을 목표로 하니까 나도 가야 하나 싶어서."

"응. 그렇구나! 친구들이 인문계를 가니까 너도 그러고 싶구나! 그런데 친구들의 인생이 네 인생은 아니잖아! 엄마는 총명이가 인문계 다니면 죽어라 공부해야 해서 스트레스 받고 고생하는 걸 보면 마음이 아플 것 같아! 공부는 마음만 먹으면 사회생활 하면서도 충분히 할 수 있어! 엄마는 총명이가 억지로 대학 가기 위해 스트레스 받으며 힘들게 공부하는 걸 원치 않아! 그래도 꼭 대학을 가고 싶으면 가도 돼! 엄마가 충분히 지원해줄게! 네가 행복하면 엄마도 행복하니까!"

"그러긴 해요. 나도 늦게까지 자율 학습하는 거 생각하면 너무 힘들 것 같아요. 공업고도 나쁘지는 않아요!"

아이의 마음이 한결 가벼워진 것 같았다. 그 선택의 기로에 서서 아들은 자신의 생각과 엄마의 생각을 들어보고 가장 합리적이고 행복할 수 있는 길을 선택하고 싶었던 것이다. 나 역시도 그걸 원했다. 친구들의 결정이 아이에게 영향을 미쳐서 원하지도 않은 길을 선택하게 하고 싶지 않았다. 엄마가 만약 꼭 대학 가기를 원했더라면 아이도 더 많은 고민을 했을 것이고, 마지못해 인문계를 선택했을 수도 있다. 그러나 결코 하루 종일 교실 안에서 공부하는 상상을 하면 썩 행복하지만은 않을 것이다.

나도 고등학교를 다닐 때 날씨가 좋으면 밖으로 나가 놀고 싶었지만, 자율 학습 시간에 몰래 나간 친구들이 징계 받는 모습을 보고 감히 엄두도 낼 수 없었다. 나에게 여고 시절은 너무도 암담했다. 차라리 상고를 나왔으면 어땠을까 싶기도 했다. 내가 원해서 간 것이기 때문에 후회는 없지만 여고 시절은 다시 생각하고 싶지 않다.

다행히 둘째는 공고를 잘 다녔으며, 고등학교 때처럼 대학교도 회사와 학교를 겸해서 다니는 결과를 낳았다. 너무도 즐겁게 열심히 잘 다닌다. 자부심도 대단하다. 자신의 월급으로 모든 걸 해결한다. 이제 갓 고등학교를 졸업하고 사회에 나온 지 1년밖에 안 지났지만, 1년간 모은 적금으로 차도 살 정도로 자신의 인생을 잘 설계하고 계획해서 살아가고 있다. 아주 주도적이다. 생각 없이 결정한 건 아닌가 싶어 이야기를 해보면 이미 몇 달 전부터, 길게는 몇 년 전부터 다 계획을 세우고 한 일이다. '참 대단한 아이구나!' 하는 생각을 하게 된다. '내가 아이를 참 잘 키웠구나!' 하는 뿌듯함도 생긴다.

난 아이들을 나의 소유물로 여기는 것이 아니라 독립된 나와 똑같은 존재로 바라보고 존중해준다. 그리고 때로는 나보다 더 훌륭한 일도 할 수 있는 가능성이 있는 존재로 본다.

나의 어린 시절 에피소드를 이야기해본다. 초등학교 3학년이었을 것이다. 어느 날 열심히 붓글씨 연습을 하던 중 웃픈 일이 있었다. 한참 글씨를 쓰려고 먹을 갈고 종이에 글씨를 쓰다가 한쪽 면을 다 써서 뒤집으려고 붓을 잡은 채로 종이를 뒤집는데 그만 먹이 묻은 붓이 옆에서 앉아 신문을 보시던 아버지의 얼굴에 그림을 그려버린 것이다. 이마에서부터 입술까지 길게 선이 그어진 것이다. 난 너무 당황해서 아버지의 얼굴을 보니 아버지는 가만히 웃고 계신다. 난 아버지 얼굴에 먹물로 그린 그림을 보고 웃음이 터져 나와 버렸다. 가만히 계신 아버지가 더 웃겼던 것이다. 한참을 웃다가 아버지의 얼굴을 화장지로 닦아 드렸다. 화도 안 내고 웃고 계신 아버지를 보고 새삼 우리 아버지에게 이런 면이 있구나! 하는 걸 깨달았다. 자상한 아버지의 모습 말이다. 딸이 열심히 붓글씨 연습하는 모습이 보기 좋았나 보다. 말은 안 하지만, 엄하고 무서운 존재인 줄 만 알았는데 이렇게 얼굴에 먹물이 그려져도 화내지 않고 웃고 계시는 아버지가 정감이 갔다. 그 뒤로 아버지와 좀 더 가까워진 것 같았다.

또 한 번의 사건이 있었다. 시골 동네의 지분이 대부분 할아버지가 지주인 걸로 알고 있었다. 그래서 동네 이장을 아버지께서 10여 년이 넘게 혼자 하셨다. 동네일은 아버지가 거의 도맡아 다 하는 셈이었다. 그리고 동네에 어려운 분이 계시면 도와주시고, 돈도 빌려주고 땅도 빌려주고 아주 헌신하는 아버지의 모습이 기억이 난다.

내가 초등학교 시절 우리 집에서 막걸리를 팔았던 적이 있었다. 막걸리를 사러 온 사람들에게 돈을 받고 큰 됫병이나 주전자에 막걸리를 파는데 어느 날 친구 아버지께서 오셔서 아버지를 보고 삿대질을 하시며 말씀하셨다. 뭔가 아버지께 따지는 식의 말투로 대들고, 아버지는 오해를 풀기 위해 설명을 하는 듯 보였다. 아버지와 친구의 아버지 역시 친구인 걸로 알고 있었다. 그래서 친구 아버지는 우리 아버지께 반말로 한참을 떠들어 대시다가 화가 났는지 그만 우리 아버지의 뺨을 치시는 것이었다. 나는 옆에서 어렸기 때문에 무슨 말인지는 못 알아들었으나 아버지께서 뺨을 맞는 순간 깜짝 놀라 눈이 동그래졌다. 내가 친구 아버지를 때리고 싶을 정도로 화가 났다. 우리 아버지도 일어서서 한 대 쳤으면 했다. 그러나 아버지는 뺨을 맞고도 허허 하시며 허탈하게 웃음만 웃고 계셨다. 뺨을 친 친구 아버지는 당황했는지 가만히 있더니 몇 마디 안 하고 그냥 가버렸다. 그 순간 나는 의아해하며 한참을 생각했다. 그리고 깨달았다.

'우리 아버지는 참 인자하시고 더 없이 덕이 많으신 분이구나!'

지금도 생생하게 그 기억이 내가 아버지를 존경하게 된 이유가 되었다. 성경에 원수가 오른쪽 뺨을 치면 왼쪽 뺨을 갖다 대라는 구절을 실천하신 것이다. 성경을 알지도 못 하신 분이지만 그 인품이 어린 나에게도 귀감이 되고 존경할 만했으니 말이다. 아버지는 딸 앞에서 그 친구와 싸우고 싶지 않았을 수도 있고, 또 아버지의 인품이라면 그 친구의 마음을 충분히 이해하려는 마음이었을 것이다. 이유야 어찌 되었던 딸로서 아버지의 그런 인품을 보고, 나는 아버지를 다시 한 번 존경하게 되었다.

우리 아버지는 마을의 발전을 위해 동네 사람들의 필요를 채워주고 어려움을 함께 도와주며 이겨내게 해주신 분이셨다. 그 덕분에 내가 길을 가면 동네 사람들은 존경과 부러움의 눈빛으로 "저기 부잣집 딸이 온다!" 라고 해주셨다. 어린 나이지만 또 왜 그런지도 모르고 마냥 좋아만 했던 나였지만 지금은 알고 있다. 우리 아버지의 존경받을 만한 덕과 인품이 동네 사람들에게 귀감을 주었다는 걸 말이다.

이렇듯 우리 아버지는 자식들에게 잔소리를 한 적이 없으시다. 단지 자신의 일을 묵묵히 하실 뿐이었다. 잔소리보다 훨씬 큰 감동을 주고 효과는 크다는 것이다. 우리들의 자녀도 부모를 존경하도록 하게 하자! 적어도 잔소리만 안 해도 존경받을 수 있을 것이기 때문이다.

내 아이에게 좋은 부모가 되고 싶다면

이 세상 모든 부모들의 소망은 내 아이에게 좋은 부모가 되는 것일 게다. 개나 고양이 하물며 들짐승인 호랑이와 사자들도 그렇다. 자식들을 위해 희생하며 봉사하는 것은 다 본능적으로 좋은 부모가 되기 위한 몸부림이었을 것이다. 뜻대로 원대로 잘 안 되었을지언정 마음만은 한결같은 자식 사랑이 내재되어 있다는 걸 이 땅의 모든 자식들은 알아주길 바란다. 물론 자신들도 자라서 성인이 되어 자식을 낳아보면 그때야 부모들의 진심을 알아주기는 할 것이다만, 과연 좋은 부모가 되고 싶다면 어떻게 해야 될까? 마음은 알아주되 행동은 통제해주는 부모가 좋은 부모가 될 수 있다. 일단 아이들의 마음을 알아주는 것이 가장 기본이라는 것이다. 어린아이들의 욕구가 다 선한 것만은 아니다. 그러나 일단 그 마음이라도 알아주면 50퍼센트 해소가 된다. 그리고 그 뒤에 설명을 해주면 자신이 원한 것이 얼마큼 시급한 건지 하지 않아도 되는 것인지 스스로 판단할 수 있다.

내가 어려서 마을 놀이터에서 놀다가 아버지를 만나게 되었다. 그때 내 나이가 7세쯤 되었을 것이다. 지금으로부터 42년 전이니까 화폐의 가치가 아주 낮았을 때 100원짜리 야채 크래커가 너무 먹고 싶었다. 난 아버지를 보자 그 과자를 사달라고 했다. 아버지는 막내딸이 야채 크래커라는 과자를 먹고 싶어 하자 얼마냐고 하시며 물었다. 100원이라고 하자 당황하시며 안 된다고 하셨다.

그때 당시 100원이라는 돈은 큰돈이었나 보다. 그런데 난 생전 아버지한테 뭘 사달라고 한 적이 없었기에 이번만큼은 기어코 아버지께 사랑을 받고 싶었었나 보다. 아버지가 나를 얼마나 사랑하는지 시험해보고 싶기나 하듯이 말이다. 그래서 아주 강하게 졸라댔다. 끈질기게 졸라대자 아버지는 결국 지갑을 여시고 돈을 주었다. 난 춤을 추고 싶을 정도로 기분이 좋았다. 아버지가 내가 원하는 과자를 사줄 정도로 나를 사랑하는구나! 또한 먹고 싶었던 과자를 사먹게 되어 너무 기분이 좋았다. 아버지는 돈이 아깝기는 했지만 딸의 마음을 읽어준 것이다.

별로 아버지와 유대 관계가 없어 원만한 사이는 아니었지만 그때 나의 마음을 알아준 아버지를 좋아하게 되었다. 우리 아버지는 좋은 아버지구나! 하는 생각을 하게 되었다.

우리 큰애가 중학교 1학년 때의 일이다. 어느 날 아이가 학교 가기가 싫다고 하였다. 왜 그러냐고 하자 같은 반 애가 괴롭힌다는 것이다. 우리 애를 뺨도 치고 주먹으로 때리고 심부름도 시키고 거의 종 부리듯이 한다는 것이다. 너무 기분이 나빠서 학교 가기가 싫다는 것이다. 난 그 이야기를 듣고 화가 났다. 그 애가 그렇게 시킨다고 너는 하냐고 묻자 안 하면 더 때린다는 것이다. 우리 아이가 다른 아이의 종노릇을 하고 있다는 것이 말도 안 되는 짓이라고 생각이 들었다. 선생님께 말씀 드렸냐고 하자 안 했다고 했다. 말하면 더 때릴 것 같다고 했다.

그런 일이 있은 후 급기야 학교에서 전화가 왔다. 우리 큰애가 머리를 다쳤다는 것이다. 난 일을 보다가 담임 선생님의 그 전화가 청천병력 같은 소리로 들렸다. 하늘이 노랗게 변하고 나의 심장은 쿵쾅 거렸다. 머리를 다쳤다면 어떻게 될지 상상하기도 끔찍했다. 부랴부랴 택시를 타고 학교로 갔다. 남편에게도 전화를 해서 오게 했다. 가서 무슨 일이냐고 묻자 평소 괴롭히던 친구가 장난을 치다가 팔꿈치로 우리 아이의 머리를 과격하게 쳤다는 것이다. 아이는 얼마나 아팠으면 울면서 양호실로 뛰어갔다는 것이다. 아이를 보니 다행히 심하게 입원할 정도는 아니라는 걸 알고 안심을 하고 집으로 왔다.

아이를 편히 쉬라고 하고 나도 놀란 가슴을 쓸어내렸다. 혼이 나간 기분이었다. 진정이 된 뒤에 이번 사건을 어떻게 지혜롭게 잘 풀어가야 할지 고민을 했다. 곰곰이 생각한 뒤 일단 선생님께 전화를 걸어서 나의 놀란 감정을 이야기했다.

"선생님, 아까는 너무 놀라서 심장이 멎는 줄 알았어요. 이왕이면 머리를 다쳤다고 하기보다 좀 다쳤다고 해주셨으면 제가 덜 놀랐을 텐데! 너무 충격을 먹었던 것 같아요! 앞으로는 아이가 좀 다쳤다고 해주셔도 될 것 같아요! 그리고 때린 아이의 엄마에게 전화해주세요! 아이에게 너무 심하게 혼내지는 말라고 해주세요! 제가 만나서 잘 타일러 볼게요!"

이렇게 말을 하고 전화를 끊었다. 선생님도 경황이 없어서 그랬다고 한다. 그리고 좀 쉬었다가 우리 아이를 때린 아이의 엄마에게 전화를 했다. 이런 일이 생겼다는 걸 알고는 미안해하는 것이다. 난 차분히 말을 이었다. 공교롭게도 그 아이도 우리 아이와 이름이 같았다. 그 애 엄마는 아빠 없이 혼자 아이를 키우면서 아이가 말도 안 듣고 반항이 심해서 너무 힘들다는 것이다.

난 화가 났지만 감정을 내려놓고, 그 아이를 키우는 엄마도 얼마나 힘들까 싶어서 조심스럽게 말을 했다. "다행히 우리 애는 지금 심하게 아프지는 않은 것 같으니 너무 걱정하지 않으셔도 됩니다. 만일 아이가 시간이 흘러 증상이 생기면 그때 병원을 가도록 할게요. 그리고 아이 좀 보내주세요. 제가 아이를 직접 만나서 잘 타일러볼께요!" 하고 전화를 끊었다.

난 처음으로 그 아이의 얼굴을 보러갔다. 좀 기다리자 아이가 나왔다. 난 우리 아이를 불행하게 만든 이 아이가 얄밉기도 하고 불쌍하기도 했다. 이렇게 되기까지 부모로부터 사랑을 받지 못했을 것이고, 인정받지 못한 결과이기 때문이다. 우리 아이가 너무 착하고 순하기 때문에 가지고 놀기에 딱 좋았을 것이다. 그러나 그런 사실을 알고 엄마인 입장에서 그냥 보고 지나 갈 수는 없지 않은가!

난 차분히 아이를 앉혀놓고 가벼운 인사를 하고, 아이를 훈육하기 시작했다. 일단 "밥은 먹었니? 뭐 좀 사줄까?" 하면서 말문을 열었다. 그리고 대화 내용을 녹음을 하였다. 자신이 우리 아이에게 한 일들을 물어보며 사실을 인정하게 하고 당하는 입장은 상당히 괴롭고 힘들다는 걸 알게 했다. 그리고 똑같이 뺨을 때리고 귀를 잡고 신발을 닦으라고 시키고 몸종 노릇을 시켜보았다. 기분이 어떠냐고 물어보았다. 아이는 기분이 나쁘다고 하였다. 너는 명철이를 부려 먹고 놀려서 재미있을지 모르지만, 우리 아이는 죽고 싶을 만큼 불행했단다! 하면서 가슴 깊이 깨닫게 해주었다. 윽박지르지 않고 차분히 웃으면서 즐겁게 이해하도록 하였다.

그리고 난 그 아이에게 결코 미워하거나 싫어하는 감정을 느끼게 하지 않고, 자신이 하는 행동은 좋은 행동이 아니라 남을 힘들게 하는 행동이라는 걸 알게 하였다. 그리고 다짐을 받았다. 다시는 하지 않겠다고 한 번만 또 그러면 녹음한 내용을 경찰에 넘기겠다고 하였다. 살짝 겁을 주었다.

다행히 그 뒤로 우리 아이와 그 친구는 친하게 되었다고 한다. 그 아이에게 당한 아이가 우리 아들뿐만이 아니라는 걸 알게 되었다. 그래서 녹음한 내용을 우리 아이와 다른 아이에게 들려주었다. 너무나 좋아하며 신나 했다. 몇 달간 당한 스트레스가 확 풀린다고 했다. 그 아이의 엄마도 같이 듣고는 너무 잘했다고 하면서 고마워했다. 안 그래도 자기도 고민 중이었다고 하면서 말이다.

그 아이가 안쓰럽고 걱정되기도 했기 때문에 이런 행동을 고쳐주고 싶었다. 그 아이는 집에서 받은 스트레스를 학교 친구들에게 푸는 듯 했다. 만만한 애들을 가지고 놀리고 폭행하고 몸종 부리듯 한 것이다. 그 아이의 마음을 읽어 주고 당한 입장을 충분히 느끼도록 몸으로 느끼게 해주었더니 아주 깊이 자신도 잘못을 깨달은 것이다. 이 땅의 모든 아이들은 처음부터 괜히 혼자 나쁜 행동을 하지 않는다. 부모님의 불화와 정상적이지 못한 가정이 아이를 그렇게 만든 것이다.

난 이런 사건을 통해 우리 아이가 학교에서 당하는 학교 폭력을 알게 되었고, 몇 달간 얼마나 힘들었을 지 마음이 아려왔다. 그리고 몇 달간의 아이의 심적 고통을 한방에 해결해주었다. 아이에게 엄마가 자신을 얼마나 사랑하고 아끼는지 알게 해주었다. 아이도 엄마가 자신을 얼마나 관심을 가지고 사랑하는지 알았을 것이다. 수시로 말로 사랑한다! 사랑한다! 말은 안 했지만 이런 일로 알게 해주어서 그나마 다행이었다. 아이가 받은 고통을 알아주는 것이 아이의 마음에는 얼마나 큰 위안이 되는지 모른다. 그 친구의 몸종 노릇을 하면서 얼마나 아이가 자존감이 떨어지고 죽고 싶었을 것이고 학교도 가기 싫을 정도였을지 그 고통을 알아주었다.

좋은 부모가 되고 싶은가? 아이들의 마음을 읽어주도록 하자. 읽어주는 것에 그치기보다 그 마음이 뭘 원하는지 알아서 해결해줘야 할 일은 해결해주고 절제를 시켜야 할 일은 낮은 어투로 차분히 절제를 시켜주면 되는 것이다. 피해를 준 아이도 내 아이처럼 소중한 존재이니 무조건 화만 내는 것이 아니라 그럴 수밖에 없는 아이의 상황을 이해해주고 잘 타이르고 충분히 본인의 잘못을 깨닫게 해주면 된다. 이 정도면 아이에게 엄마로서 마땅히 할 일을 한 것이고, 적어도 좋은 엄마라는 믿음을 줄 수 있을 거라 생각한다.

'똑똑하게'보다 '지혜롭게' 키워라

내가 고등학생이었을 때 나는 나중에 결혼해서 아이를 낳으면 똑똑하고 지혜롭게 키우고 싶은 욕심이 있었다. 그래서 아이를 낳으면 이름을 명철과 총명으로 짓겠다고 마음을 먹었다. 지금 현재 아이들의 이름은 명철과 총명이가 되었다. 그러나 과연 정말로 똑똑하고 지혜롭고 명철하고 총명한지 생각해본다. 특별히 기준이 없기 때문에 엄마인 입장에서 그렇다고 말하고 싶다. 학교 성적이 다는 아니라고 생각하기 때문에 나로서는 아이들이 얼마나 현재 본인의 나이에 맞게 잘 살고 있는지, 어떤 생각을 가지고 사는지 보면 짐작할 수 있다. 지금까지는 대만족이다.

나는 어려서 똑똑하다는 말을 많이 듣고 자랐다. 초등학교 다닐 때까지만 하더라도 반장, 부반장, 전교 부회장을 하면서 말하고 싶은 의견을 야무지게 발표하며 아이들을 리드했다. 나도 그때까지는 아주 똑똑하다고 자부하며 살았다.

그런데 그 생각은 중학교를 다니면서 어이없는 상황에서 깨져버렸다. 중학교 때 한참 유행하던 오목이라는 게임이 있었다. 노트에 오목판 그림을 그려놓고 장기 알처럼 까맣게 점5개를 먼저 이은 사람이 이기는 게임이다. 친구들끼리 서로 누가 머리가 좋은지 은근히 가려내는 게임이 되어버렸다. 나는 승부욕이 아주 강해서 집중을 하며 게임에 임했다.

어느 날 쉬는 시간에 친구랑 나는 오목을 하기로 했다. 열심히 장기판을 그리고 시작하였다. 한참 오목을 하고 있는데 옆에서 지켜보던 미정이라는 친구가 나한테 한마디를 던졌다. "채원이는 은근히 엉뚱한 데가 있어! 다 보이는데 그걸 못 하냐!" 하면서 비웃는 것이었다. 내가 오목을 두면서 나도 모르게 조바심이 났는지 긴장을 했는지 남들은 훤히 보이는 것이 나에게는 보이지 않았나 보다. 이길 수 있는 아주 쉬운 기회였는데 내가 찾지를 못하고 헤매고 있으니 그 친구가 답답해서 한마디 한 것이었다. 그런데 그 친구의 말에 나는 왜 그렇게도 자존심이 상하고 창피했는지 쥐구멍에라도 숨고 싶은 수치심이 생겼다.

'나는 정말 엉뚱한 사람인가? 나는 멍청하고 머리가 안 좋은 것인가?'

갑자기 그 친구의 말 한마디가 너무나도 나에게 비수로 꽂히는 것이었다. 나도 모르게 자존심이 바닥으로 떨어지고 너무 화가 났다. 그 친구가 미워졌다. 왜 그랬을까? 나 딴에는 아주 똑똑하고 영리하다고 생각했는데 그 친구의 말을 인정하고 싶지 않았던 것이다. 부정하고 싶은데 그걸 증명할 방법이 없었다.

중학교 1학년 때 그런 일을 당하고 난 열심히 공부를 해서 중간 정도의 수준에서 1, 2등으로 성적을 올리고 실장까지 하게 되었다. 무너진 나의 자존심을 올리려고 노력을 했다. 그러나 그때 받은 그 상처와 수치심은 트라우마로 남게 되었다. 아직도 그 친구만 생각하면 화가 난다. 인정하기도 하지만 그런 말은 아주 사람을 기분 나쁘게 한다는 걸 알았다. 그것을 아버지께 말했더니 아버지께서도 "네가 머리가 아주 좋은 것은 아니야." 하신 것이다. 정말 상처가 되는 말이었다.

그래서 난 우리 아이들에게는 아무리 멍청해도 절대로 그런 말은 하지 않기로 했다. 똑똑하고 머리가 좋은 것 보다 지혜로운 것이 훨씬 더 낫다고 말한다. 나 역시도 아이큐는 아주 높지 않다는 걸 인정은 한다. 그러나 평생 기도해 온 것이 있다면 바로 지혜를 달라는 기도이다. 아이큐가 좋은 것은 유전적인 요인도 있으나 지혜로운 것은 후천적인 노력으로 충분히 생길 수 있다고 믿었다. 그래서 지금 난 아주 지혜로워졌다. 내가 만족할 정도로 많이 채워진 것 같다. 아이큐가 낮아 열등감이 심했던 나였는데 그 부족함을 지혜로 이겨낸 것이다.

지금의 나의 장점은 지혜롭다는 것이다. 그런데 이 지혜가 똑똑한 사람보다 더 낫다는 것이다. "똑똑한 사람은 문제를 해결하지만 천재는 문제를 방지한다."라는 아인슈타인의 말이 생각이 난다. 나 역시도 문제가 오기 전에 미리 예방하고, 준비하는 사람이기 때문이다. 고로 나는 천재인 것이다. 우리 아이들 역시 아이큐는 아주 높지는 않지만 천재라고 말하고 싶다. 세상의 많은 부모들이여! 아이들에게 결코 미련하다고 하거나 멍청하다고 하거나 엉뚱하다고 하지 말기를 바란다. 그 말이 자녀들을 열등하게 만들고 있던 자존심과 자존감까지 바닥으로 떨어뜨린다는 것을 기억하라!

똑똑하고 지혜롭기를 모두들 희망한다. 그야말로 금상첨화가 아닌가! 그러나 두 가지 다 안 된다면 똑똑하게 보다 지혜롭게 키우는 것이 훨씬 현명하다는 걸 말하고 싶다. 이 세상은 똑똑하다고 다 잘 살고 대접 받는 것이 아니다. 너무 똑똑한 사람은 오히려 눈총을 받게 된다. 아무리 자기가 똑똑하더라도 자신의 주장을 얼마큼 현명하고 지혜롭게 표현하느냐가 더 중요하기 때문이다.

어딜 가나 똑똑한 사람들은 있기 마련인데, 자신의 똑똑함을 믿고 함부로 남에게 상처 주는 말을 쉽게 하기도 한다. 자신의 똑똑함으로 결국 남과 자신을 상처입히는 짓을 한다. 그럴 바에는 차라리 좀 덜 똑똑하더라도 지혜롭게 행동하는 것이 훨씬 더 좋은 대접을 받을 수 있다. 그래서 나도 아이들을 지혜롭게 키우기 위해 내가 힘든 일을 당했을 때 슬기롭고 지혜롭게 헤쳐 나간 경험담을 종종 이야기해준다. 아이들이 자신들도 그런 비슷한 경험을 할 경우 조금이라도 도움이 되길 바라는 마음에서다. 아이들은 나의 이야기를 듣고 "와, 우리 엄마 대단해." 한다.

우리 아이들도 현재 사회생활을 하고 있다. 수많은 사람들과 부딪히며 갈등과 스트레스 속에 살아가는 현실을 부정할 수 없다. 하루는 작은애가 회사에서 스트레스를 받았다고 한숨을 푹푹 쉬고 있는 것이었다. 무슨 일이 있었냐고 묻자 자기 부장님이 자신의 실수를 엄청 기분 나쁘게 화를 내며 혼을 냈다는 것이다. 그래서 자기가 계속 실수를 더 해버렸다는 것이다. 왜 실수를 하게 되었냐고 묻자 처음 해보는 일이어서 손에 익숙하지 않아서 그랬다는 것이다. 부장님한테 자세히 물어보고 하지 왜 그랬냐고 하자 할 수 있을 것 같아서 한 번 설명 듣고 했다는 것이다. 그런데 부장은 왜 그렇게 심하게 화를 내냐고 묻자 여태 기존의 직원들도 그 일을 하도 많이 실수를 해서 우리 애까지 실수를 하니 쌓였던 감정이 폭발해서 그랬다고 한다.

홧김에 혼을 내니 당하는 입장은 황당한 것이었다. 아이가 직장 상사에게 스트레스를 받고 와서 힘들어 하는 모습을 보니 안쓰럽기도 하고 사회생활 하다 보면 당연히 있을 수 있는 일이어서 아이를 위로하였다. "무지 화가 많이 났겠구나! 그런데 그런 일들은 비일비재할 거야! 그때마다 쌓아두고 참지 말고 바로바로 이야기해서 풀어야 해! 안 그러면 언젠가는 터지게 되어 있어!" 하면서 나의 경험담을 이야기해주었다. 항상 누누이 사회생활이 힘들고 별의 별 일들이 많이 생기고 스트레스도 많이 받게 될 거라고 평소에 이야기를 해서 아이도 그렇게 많이 힘들어 하지는 않고 금방 풀기는 했다고 한다.

나는 아이가 사회생활 하면서 당할 고통들을 잘 이겨내며 슬기롭고 지혜롭게 헤쳐 나가기를 바란다. 더욱 단단한 멘탈로 이겨내기를 바라는 마음이다. 어차피 수년간 서로 다른 환경이나 성격들을 가진 사람들이 만나서 같이 일을 하는데 트러블은 피할 수 없는 것들이기 때문이다. 무엇보다 지혜를 달라고 기도하라고 권유를 했다. 엄마도 기도를 통해 많이 지혜로워졌다고 하면서 말이다. 상대방을 인정하고 나 자신을 인정할 때 서로의 감정을 이해하고 수용할 수 있기 때문이다.

그럼에도 불구하고 우리는 많이 힘든 갈등을 경험하게 된다. 그럴 때 평소에 가지고 있는 본인의 멘탈과 성품, 자존감으로 그 모든 감정들을 컨트롤하고 정리할 수 있어야 하기 때문에 자녀에게 늘 그렇게 지도를 한다.

솔로몬의 지혜를 우리는 늘 놀라워한다. 한 아이를 가지고 두 여인이 서로 자기 아이라고 주장하는 상황에 솔로몬은 아주 현명하고 지혜롭게 그 일을 해결해준다. 좀 잔인하지만 참으로 그 아이의 엄마를 가리는 데는 딱이었다. 그 아이를 반으로 잘라서 둘이 나누라는 것이었다. 그러자 진정 그 아이의 엄마는 차라리 아이를 포기하고 그 아이를 살리려고 한다. 그러나 가짜 엄마는 아이를 잘라도 좋다는 식이었다. 참 아기의 엄마는 아기를 살리려는 마음으로 포기를 했지만 결국은 아기를 차지하게 되었다. 가짜 엄마는 아이를 낳지 못하여 남의 아기를 탐하여 욕심을 낸 것이었다.

우리의 모든 진실도 결국은 드러나게 되고 모두가 알게 된다. 꼭 그렇게 다투거나 화를 낼 필요는 없다는 것이다. 시간이 흐르면 진심을 알게 되고 서로를 이해하게 된다는 것이다. 정말 난관에 처했을 때는 솔로몬처럼 하늘의 지혜를 구해서 해결해보자. 가장 합리적인 방법으로 문제를 해결할 수 있을 것이다. 사회생활 속에서 지혜로운 행동은 아주 유용하기 때문이다. 그러므로 우리 자녀들도 똑똑하게보다 지혜롭게 키우기를 바란다.

아이들은 부모 생각보다 훌륭하게 자란다

우리는 아이들을 부모의 잣대로 측정하고 미리 걱정하고, 자신보다 어떻게든 더 나은 사람으로 키우려는 굳은 각오를 한다. 그리고 주위의 다른 아이들이 어떻게 하는지를 유심히 보고 알아내서 뒤지지 않도록 자신의 아이들에게도 무조건 시킨다. 혹시라도 자신의 아이가 다른 아이보다 뒤쳐질까 봐 불안한 마음으로 아이들을 다그친다. 과연 아이들은 엄마들의 이런 달달 볶는 것에 어떤 생각을 하고 있을까? 한 번쯤 생각해볼 일이다.

어느 교장 선생님이 고백이 담긴 완벽주의 엄마의 『엄마 반성문』이란 책을 집필하셨다. 자신이 인생을 너무 열심히 완벽하게 살아왔기 때문에 자녀에게도 똑같이 완벽하게 자라기를 원하고 강요하고 이끌었던 학교 선생님인 엄마가 결국 무자격 엄마임을 깨닫고 반성하는 내용이다.

아이들이 놀 시간이 없도록 학교 방과 후 학원과 과외를 빽빽하게 짜놓고 다그쳤다. 그래서 아이들은 전교 1등을 했지만 결국은 지옥 같은 엄마의 교육열에 모든 걸 포기하게 된다. 그것도 고등학교 3학년 봄에 큰애가 자퇴를 하고, 이어서 둘째까지 자퇴를 해버릴 때 엄마는 하늘이 무너져내린 충격과 아픔을 겪는다. 그러기를 1년 반이 지나서야 엄마는 자신이 얼마나 아이들을 지옥으로 이끌었는지 깨닫고 반성을 하게 되는 내용이다.

학교 선생님인 자칭 완벽한 엄마를 둔 아이들은 숨 막히는 생활에 중이염과 탈장, 공황장애까지 앓으면서 견뎌야 했고 결국은 모든 걸 내려놓게 된다. 엄마는 학부모들에게는 공부를 많이 잘 가르치는 선생님으로 정평이 나 있었으나, 자신의 아이들은 참고 참고 또 참으며 견뎌냈지만 결국 죽을 만큼 힘들어 엄마에게 대화를 요청했다. 엄마는 아이의 그 마음을 읽어주지 못하고 시끄럽다는 말로 아이의 말문을 막아버린다. 아이는 말이 안 통하는 걸 알고 더 이상 엄마와 대화를 포기하고 자퇴를 하고 방문을 걸어 잠그고 어두운 굴속으로 들어가버린 것이었다. 엄마는 아이들이 미쳤다고 생각했으나 아이들은 엄마가 미친 것이라고 여긴 것이다.

결국 아이가 폭발하여 집안의 모든 가구를 주먹으로 치고 피가 나고 소리를 지르며 난리를 친 모습을 본 엄마는 이러다 아이가 자살을 할 수 도 있겠구나 싶은 생각이 들어 마음을 바꿀 수밖에 없었다. 그리고 아이들의 방문 앞에서 미안하다는 말을 수없이 하고, 아이들이 엄마의 변화를 느끼면서 점점 사이가 좋아지게 된다. 그리고 나중에 아이는 자신이 하고 싶은 것을 하게 된다. 지금은 재능 기부를 하고 대학도 가게 되고 자신의 인생을 주도적으로 꾸려 나가더라는 것이다.

아이들은 부모가 잘 키우려고 몸부림치고 자신의 인생은 뒷전이고 아이들의 미래만 걱정하는 부모를 좋아하는 것이 아니다. 그렇다고 해서 아이들이 잘 자라는 것도 아니다. 오히려 부작용이 더 크다. 차라리 부모 자신의 인생을 어떻게 행복하게 잘 살아갈 것인가를 고민하고 행동하는 것이 아이들에게 본보기가 되고, 아이도 자신의 행복을 위해 어떻게 살 것인가를 계획하고, 하고 싶은 일을 할 수 있다는 것이다.

아이들은 부모의 생각보다 훨씬 더 잘 자란다는 사실을 꼭 믿어보기 바란다. 오히려 잘못된 부모의 교육 지도를 고치게도 한다. 아이들을 바보로 여겨서는 큰코다친다. 조금 크면 아이들은 부모가 때리려고 손을 들면 그 손을 잡아 막을 수도 있다. 그런 감정적인 엄마의 태도가 잘못임을 지적하고 깨우치게도 한다. 이 교장 선생님의 자녀들처럼 말이다.

그들은 자기 엄마가 자신들을 지옥으로 이끌고 가는 것을 깨닫게 하기 위해 엄마에게 고통을 주기로 다짐하고, 1년 6개월을 방안에서 게임만 하고 엄마와의 대화를 끊고 기다린 것이다. 그동안 엄마는 인생이 끝났다는 생각이 들만큼 고통스럽고 좌절 그 자체였다. 얼마나 스트레스를 받았으면 대수술을 두 번이나 하고, 교통사고도 무려 네 번이나 당하게 된다.

아이들은 자신의 인생을 망치고 지옥으로 이끈 엄마가 차라리 없어져버렸으면 하는 바람이었다. 그야말로 엄마가 원수가 되어버린 것이다. 엄마는 아이들을 이해하기 위해 많은 공부를 한다. 부모 교육과 감정 코칭이라는 교육을 통해 자신이 여태 17년간 아이들을 얼마나 닦달하고 괴롭혔는지를 깨닫는다. 단 한 번도 아이들을 인정해주고 칭찬해주고 격려하지 않았다는 것이다. 감시자, 지시자, 명령만으로 아이들의 마음은 완전히 무시한 채 자기 목표와 욕심과 바람만을 위해 달려 왔던 것이라는 것을…. 그 결과 아이들은 둘 다 그 중요한 고등학교 3학년 봄에 자퇴를 하게 된 것이다. 더 이상 엄마의 만행에 아이들은 살 수가 없었던 것이다.

엄마가 많은 교육을 통해 반성하고 한없이 울면서 아이들에게 미안하다고 할 때 아이들은 그런 엄마를 용서하고 달라진 엄마에게는 더없이 마음을 열고 다가간다. 그때부터는 아이들이 엄마를 가르치는 격이 되어버린 것이다. 엄마는 자신이 얼마나 무식하고 멍청했는지 절실히 깨닫고, 또 다른 자신과 같은 어리석은 부모들에게 이런 책을 써서 다시는 자기처럼 반성문을 쓰지 않도록 하게 하는 일을 한다. 하마터면 두 아이를 죽음으로까지 내몰게 만든 자신의 어리석은 모습을 공개하면서 말이다. 아이들의 열렬한 지지가 있었다고 한다. 자신의 엄마는 늦게라도 깨닫고 반성해서 다행이지, 아직 깨닫지 못한 부모의 자식들은 정신과 약을 먹으면서 버티고 있다고 하였다. 정말 가슴이 아프다. 우리나라의 사회 풍조가 아닌가 싶다! 병폐이다.

'아이들을 지옥으로 내몰아 넣은 부모들이여! 제발 아이들에게 더 이상 범죄를 저지르지 말아 주십시오! 우리 아이들은 당신들이 걱정하지 않아도 너무나도 잘 자랄 수 있는 무한한 능력이 있습니다! 자신의 자녀가 자살하고 난 뒤 후회하지 말고, 지금 당장 아이들이 행복할 수 있도록 하고 싶은 일을 하게 도와주십시오!'

나 역시도 아이들에게 욕심을 가지려고 한 적이 있었다. 나의 자존심이 아이들이었다. 나는 비록 어정쩡한 사람이지만 아이들만큼은 나의 자랑이 되도록 만들고 싶었다. 그러나 아주 부족한 남편 덕으로 그런 기대와 욕심은 한순간에 내려놓아야 했다. 그저 건강하게만 자라주어도 감지덕지할 정도로 남편과 나는 모든 것이 부족했다. 아이들에게 과외를 시킬 만한 경제력도 안 되고, 아이들 스스로 공부를 하도록 만들 지능과 환경도 안 되었다. 욕심만 있었지 받혀줄만한 아무런 능력이 안 되었다. 물론 대출을 받아서라도 하는 부모도 있다고 한다.

그러나 난 포기했다. 했다면 3세 이전에 투자한 것이 전부였다. 엄마의 무릎 학교가 한창 유행일 때 100만 원어치 책을 사서 아이가 3개월 될 때부터 무릎에 앉혀놓고 책을 읽어준 것이다. 그리고 삼성출판사에서 잠깐 일을 하면서 아이들의 책을 150만 원어치 사준 것이다. 큰아이 6개월일 때 일이다. 물론 카드 결제로 샀다. 남편은 노발대발 난리를 쳤고, 난 아이들을 위해 그 정도는 해줘야 된다고 주장했다. 그러나 그 책을 다 읽어보지도 못하고 큰애는 시골 할머니 집으로 가서 자연과 더불어 놀기만 열심히 한 아이가 되어버렸다.

역시나 자녀 교육은 내 마음대로 되지 않았다. 일찌감치 욕심을 내려놓아야 했다. 그것이 정답이었다. 아이는 조부모 밑에서 몇 년을 살다가 와서 그런지 아주 너그럽고 이해심이 많은 아이가 되었다. 난 그걸로 만족한다. 난 아이의 능력과 성공보다 올바른 인성이 먼저라고 생각한다. 아무리 큰일을 하고 성공한 사람이라도 사회에서 지탄을 받는 경우가 많다. 그럴 바에는 차라리 큰 성공은 못 하더라도 행복한 사람이면 된다.

세계적으로 큰 인기를 얻고 있는 '방탄소년단'이라는 아이돌 그룹이 있다. 그들은 아주 자유분방하면서 억압 받지 않는 의식으로 자신들이 생각하는 사회의 불만이나 소망, 꿈을 춤과 음악으로 소신 있게 표현하고 있다. 그들의 영혼이 담긴 목소리와 몸짓에는 울림이 있다. 호소력이 있고 끌림이 있다. 남녀노소 할 것 없이 모두 빠지게 만든다. 단지 어린 나이에 철없는 아이들의 몸놀림이 아닌 엄청난 파워가 있는 연설보다 더 강한 힘을 보여주고, 단결력을 보여주는 사회 운동가를 방불케 한다는 것이다. 어디서 그런 힘이 나올까. 단지 10대에 불과한 아이들인데 말이다. 과연 부모들이 어떻게 키웠을까! 어려서부터 스스로 선택권을 부여해주고 지지해주고 인정해주고 응원해주었을 것이다. 자존감이 충만하여 다른 사람들의 영혼까지도 움직이게 하고 감동을 주는 영감 있고 느낌 있는 아이들이 되어 많은 사람들에게 메시지를 보내고 있지 않은가! 좋아하는 일을 하면서 말이다.

누가 시켜서 했으면 과연 이런 영향력을 발휘 할 수 있을까? 어림도 없다. 그들은 스스로 모든 것을 구성하고 기획하고 짜낸다. 오히려 어른들보다 훨씬 훌륭하게 해낸다. 놀랍다! 미래의 모든 아이들이 이렇게 자유롭게 자신들의 생각을 여러 가지 문화와 예술로 승화시키고 꿈을 펼칠 수 있는 이들이 되었으면 하는 바람이다.

부모가 줄 수 있는 최고의 유산은 사랑이다

맞는 말이다. 부모가 물려줄 수 있는 최고의 유산은 사랑이다. 이보다 더 큰 유산은 또 없을 것이다. 물론 눈에 보이는 재산이 있으면 부러움의 대상은 된다. 그러나 그 재산은 좋은 자양분이 아니라 자식을 갉아 먹는 해충이 될 수도 있다. 고기를 잡아 주는 것이 아니라 고기 잡는 방법을 가르치라는 말이 있듯이 자녀들에게는 물질적 재산이 아닌 보이지 않는 인성과 인품, 재능과 꿈을 이룰 수 있는 마음의 근육을 키워주는 부모가 더 훌륭하다. 거기에 사랑을 더하면 100점짜리 부모가 될 수 있다. 아주 좋은 부모 말이다.

단순한 내용 같고 아주 쉬운 일 같은 데 왜 그리도 우리나라 부모들은 이 쉬운 것을 잘하지 못할까? 아주 오래 전 우리 부모들의 못 배우고 못 살던

한을 아이들에게 풀려는 마음이 조상 대대로 대물림되어져 온 까닭이 아닐까 싶다. 그러나 평생을 움켜쥐고 자녀들에게 그렇게 가르치던 부모들이 결국 죽기 전에는 다 내려놓고 빈손으로 가고 후회를 한다. 자녀들에게도 자신처럼 현재를 희생하여 미래를 살지 말라고 한다. 결국은 불행할 수밖에 없기 때문이다. 그래서 자녀들에게는 자신처럼 살지 말라고 하고 돌아가신다. 그건 그나마 깨달은 분들의 모습이다. 죽기 전까지도 깨닫지 못하고 가신 분들이 태반이다.

우리는 현재에 살면서 더 이상 우리 조상 대대로 물려받은 부모님들의 오류를 범해서는 안 된다. 모르면 공부해서라도 부모로서 하지 말아야 할 것과 해야 할 것들을 배워 아이들에게 베풀자. 아이들을 나의 자랑거리로 만들려 하지 말고 내가 아이들의 자랑이 되자. 존경 받는 부모가 되자.

『엄마 반성문』이란 책을 쓴 교장 선생님의 피 눈물 나는 뼈저린 반성을 우리는 하지 말자는 것이다. 그 전에 미리 아이들에게 사랑과 행복을 주는 부모가 되자. 그분은 다행히 반성해서 훌륭한 엄마로 거듭났다. 그러나 아직 갈피를 못 잡고 계신 부모님들은 꼭 그 책을 사서 읽어 보기를 바란다.

그분은 아이들이 좋은 대학 가서 좋은 대기업에 취업하여 높은 연봉을 받고 행복하게 살아가기를 바랐다고 한다. 그러기 위해 아이들을 초등학교 때부터 달달달 볶았던 것이다. 아이들은 워낙 착하여 엄마 아빠가 시키는 대로 다 하였으나 결국은 폭발하여 자퇴를 하게 된 지경에 이른 것이다. 그런 두 아이를 지켜봐야 했던 엄마는 화병에 하늘이 무너져 내리고, 자신의 인생은 끝났다고까지 생각이 들었다고 한다. 이 얼마나 비참하고 황당한 사태인가. 학교 선생이 자신의 두 아이를 자퇴하게 만들었으니 얼마나 모순이 되는가 말이다.

이런 숨 막히는 상황 속에 엄마는 대 수술을 두 번이나 했는데도 아이들은 전혀 동요하지 않았고, 눈 하나 깜빡하지 않았다고 한다. 자신의 엄마가 자신들에게 했던 만행이 얼마나 힘들었으면 엄마가 아니라 원수였다는 것이다. 엄마가 진정으로 반성하고 용서를 구할 때까지 아이들은 한 치의 양보도 하지 않았다고 한다.

이 엄마는 자신의 방식이 사랑인 줄 알았고 아이들이 나중에 행복해 할 거라고 생각했던 것이다. 그러나 아이에게는 이보다 더 지옥 같을 수는 없었다는 걸 깨닫게 되고 나서 그 뒤부터는 무엇이든 아이들이 원하는 것 위주로 하게 한다는 것이다. 처음부터 그렇게 했으면 그 고생을 안 했을 텐데. 우리나라의 엄마들의 표본이 아닌가 싶다.

그러나 여기서 우리는 절망만 하고 앉아 있을 것이 아니다. 천만다행인 것은 그렇지 않은 부모도 있다는 것이다. 이 얼마나 다행이고 희망적인가! 정말 바람직하고 우리가 본을 받아야 하는 양육 태도인 것 같다. 바로 가수 이적의 어머니이며, 여성학자인 박혜란님이다. 그녀는 아이 셋을 모두 서울대를 보냈는데, 중요한 것은 모두 자기가 스스로 공부를 했고 스스로 장래를 개척해 나가고 행복해 한다는 것이다.

이 엄마는 아이들에게 공부하라는 말을 너무 안 해서 아이들이 오히려 공부한다고 자랑을 하면, 엄마는 공부하는 건 엄마 좋으라고 한 것이 아니라 너희 자신에게 좋은 것이라고 했다고 한다. 그분은 공부 잘한 것이 성공이 아니라 행복하게 사는 것이 성공한 것이라고 했다고 한다.

그리고 둘째 아이를 낳은 뒤에는 기자 생활을 접고 전업 주부로 전환하면서 아이들과 원 없이 잘 놀아줬다고 한다. 아이들과 부대끼며 놀아주고 또한 자신의 개발을 위해 틈틈이 책을 읽었다고 한다. 아이들에게는 한 번도 책을 읽으라고 하지 않았다고 한다. 그런데 아이들은 자연스럽게 엄마의 그런 모습을 통해 자신들도 스스로 공부하는 습관을 가지게 된 것이라고 한다. 아주 훌륭한 엄마의 양육법이라고 보인다.

이 엄마는 아이들에게 잔소리하는 법이 없었다고 한다. 자신의 개발을 위해 꿈을 위해 열심히 노력했을 뿐인데 아이들도 자신들의 꿈을 위해 인생을 위해 자연스럽게 스스로 노력을 하게 되었다는 것이다.

막내아이 고등학교 3학년 때 중국 연변에 몇 달 간 출장을 가야 할 일이 생겨서 아이에게 의견을 물었다고 한다. 그러자 아들은 엄마의 꿈을 위해 가는 건데 고3인 나하고 무슨 상관이 있느냐고 하면서 잘 다녀오라고 했다는 것이다. 얼마나 독립적이고 합리적인 사고를 가지고 있는 아이인지 엄마도 놀랄 정도였다고 한다. 약간 서운하기까지 했다고 한다. 바로 이것이 가장 이상적인 자녀 양육이 아닌가 싶다. 아이는 엄마의 하는 모든 행동을 보고 자신도 그대로 성장하면서 몸으로 체화해가며 자연스럽게 독립적인 사고를 가진 아이로 자라나게 되는 양육법 말이다.

물론 모든 엄마가 다 서울대를 나와야 한다는 것은 아니다. 부모가 아무리 서울대, 연대, 고대를 나왔다고 해도 아이가 똑같이 그대로 나온다는 법은 없다. 그 부모의 사고와 태도 인성과 마음가짐, 의식이 그대로 아이들에게 본이 된다는 것이지 외적인 스펙을 말한 것이 아니라는 것이다.

시골 농촌 부모들의 자녀들도 판, 검사 출신이 많다. 부모의 학벌이 자녀들의 학벌까지 정하지는 않는다는 것이다. 올바른 도덕관이나 가치관, 인성, 인품이 중요하다는 걸 강조하고 싶다. 그러면 자연스럽게 아이들도 부모를 존경하게 되고 본받게 된다는 것이다. 내가 우리 아버지의 인품을 보고 존경하게 되듯이 말이다.

우리 언니 오빠들 역시나 인품이 다 괜찮은 것 같다. 남을 위해 희생하는 아버지를 본받아 우리 큰오빠는 전남대학교 법대를 나와서 아직도 자신의 돈벌이를 위해 일하는 것이 아니라 우리나라의 민주화를 위해 희생하고 있다. 같은 뜻을 가진 올케 언니도 그런 오빠를 지지해주고 함께 평생을 살아가고 있다. 비록 혼자 돈을 벌어 가정을 꾸려 나가는 힘든 생활이지만 결코 오빠를 원망하지 않는다. 그런 오빠가 좋아서 결혼을 했으니 어쩔 수 없이 사는 것 같기도 하다.

아무리 부모가 자식에게 뭔가를 바라는 욕심이 있다 하더라도 결국은 부모의 의식이나 가치관 인성, 인품을 그대로 닮아간다는 것이다. 그러니 우리 부모들부터 스스로 먼저 올바른 가치관과 올바른 인성을 갖추기 위해 노력하고 공부를 해야 한다. 아이들은 얼마든지 우리 어른들이 변화되도록 기다려줄 수 있고 넓은 아량을 베풀어준다. 잘못을 저질러도 부모를 용서해주려는 마음의 준비가 다 되어 있다. 서툰 엄마 아빠를 보고 기다려준다. 잘못을 인정하고 돌아오면 얼마든지 받아준다. 아이들이 우리의 씨앗으로 태어났지만 동시에 우리의 스승이라는 것을 잊지 말자.

나 역시도 완전하지 못하고 불안한 상태에서 결혼과 출산을 했다. 아이들에게는 치명적으로 부족한 조건이며 환경도 너무 악조건이었다. 정말로 미안하고 가슴 아픈 환경에서 아이들이 태어나고 고생도 많이 하고 상처도 많이 받았다. 그러나 내가 반성하고 공부하고 고치고 정상적으로 아이들에게 다가가니 아이들도 지난 모든 잘못을 용서해주고 이해해주고 불쌍히 여겨주며 받아주었다. 역시 아이들은 어른들 보다 더 인내심이 깊고 아량이 넓은 것 같다.

부모들은 어른이라는 명목으로 화나면 어린아이들에게 화풀이하고 욕하고 소리 지르고 때리기도 하지만 아이들은 한없이 우리 어른들을 기다려준다. 정말 나는 우리 아이들을 존경하고 고맙고 사랑한다. 자격 없는 부모를 용서하고 받아주니 무한한 사랑을 받은 나로서는 얼마나 고마운지 모른다. 이제라도 아이들과 더욱 사랑하며 존경하며 존중하며 서로를 위해 못다 한 사랑과 배려를 할 생각이다. 이 좋은 깨달음을 독자 여러분들과 함께 하고 싶다.

늘 걱정 많고 불안한 부모들에게

아이들을 생각하면 항상 부모들은 불안과 걱정이 앞선다. 왜 그럴까? 한 번 생각해보자. 그건 아이들이 뭔가 잘못되어가고 있거나 큰 잘못을 해서가 아니다. 그냥 그 부모 자체가 스스로 자라오면서 자신이 완전하지 못하고 불안한 상태인 것이다. 그런 불안감을 아이들에게 떠넘기고 있다는 사실을 알아차려야 한다.

아이들은 아무 걱정할 것이 없다. 내가 없어도 아이들은 잘 자란다. 내가 오히려 아이들에게 걱정을 심어주어 불안하게 만든다는 걸 깨달아야 한다. 제발 빨리 그런 불안에서 벗어나기를 바란다. 아이들은 우리의 걱정과 불안을 먹고 자라나는 것이 아니라 우리의 사랑과 관심을 먹고 자라야 한다. 그러니 부디 걱정과 불안을 거두고 해맑은 아이들의 눈망울을 보고 희망을 가지고 오히려 배우길 바란다. 때 묻지 않은 아이들에게 때를 일부러 묻히지 말기를 바란다.

우리가 살아오면서 부모님들의 모습을 보고 많이 미래를 측정하고 계획한다. 우리 부모님들은 남들 눈에 보이기 위한 삶을 많이 살아왔다. 결혼을 준비하는 것보다 결혼식을 준비하고 배우자를 고르는 것도 남들이 보기에 자랑할 만한지를 보고 결정을 하는 경우가 많았다. 그러다 보니 자녀 계획도 없이 얼떨결에 낳고 얼떨결에 키우는 경우가 많다. 그러니 우리나라가 이혼율이 세계 1위인 것을 누구에게 원망하랴. 두 집 걸러 한 집이 이혼으로 한부모 가정이다.

나 역시도 이혼을 생각 안 한 것은 아니다. 그러나 아이들 때문에 차마 할 수는 없었다. 어른들의 잘못된 선택으로 죄 없는 아이들이 상처를 받게 된다는 것이 큰 죄인이 되는 것 같았다. 그래서 몇 년간 떨어져 사는 걸로 만족하고 다시 합쳤다. 준비된 결혼이었다면 얼마나 좋았을까 싶지만 부모님 돌아가시고 오빠 집에서 시집살이 아닌 시집살이를 올케와 사돈처녀에게 당하고, 도피의 결혼을 급하게 한 것이 참 후회가 된다.

그러나 아이들은 나로 인하여 언제까지 아빠 없는 삶을 살아야 하나 싶은 생각에 어쩔 수 없이 합쳐야 했다. 아이들을 위해서 내가 생각을 바꾸기로 했다. 아이들에게 행복한 가정을 꾸려줘야 할 의무가 있지 않은가! 난 아직 두 아이의 엄마이기 때문이다. 아이들이 정말 결혼할 나이가 되고, 결혼까지 하게 되면 그때는 이해해주리라 믿는다.

우리는 아이들을 걱정하고 불안해할 시간에 자기계발을 위해 꿈을 찾아 열심히 공부하고 노력하자. 그런 부모들을 보고 아이들은 행복해할 것이고 자기들도 부모의 모습을 보고 똑같이 할 것이다. 부모 자신이 아이가 어떻게 자라줬으면 하는 것을 말로 하는 것이 아니라 행동으로 보여주라는 것이다. 그러면 가장 좋은 학습법이 될 것이다. 존경까지 받을 것이다. 아이들에게 잔소리가 아니라 행복의 미소를 보여주자. 부모가 먼저 자신의 꿈을 이야기하고, 아이들과 의논하고 노력할 때 아이들도 자신의 인생의 진로를 정하고 힌트를 얻을 것이다.

그러므로 우리 부모들 먼저 자신의 불안한 감정을 해소하고 긍정의 마인드로 살아가야 한다. 그러면 아이들이 아무리 공부에 취미가 없어 보여도 놀기만 해도 불안하지 않을 것이다. 아이들도 자신의 진로를 걱정할 때가 분명히 온다. 남의 눈치를 보고 깨우치는 것이 아니라 스스로 능동적으로 자신의 인생에 꿈이 무엇이고 뭘 잘하고 뭘 하고 싶어 하는지 뭘 하면 행복할지 생각할 나이가 오면 하게 된다는 것이다. 그 시기가 좀 늦더라도 조바심 갖지 말고 기다려줘야 한다. 머지않아 금방 고민을 하게 될 것이니까 말이다.

격려와 지지, 응원과 축복을 주는 것이 부모들의 할 일이다. 결코 잔소리가 아니다. 잔소리는 지나가는 개도 싫어한다. 밥 먹을 때 개를 건드려 봐라. 확 물어버릴 것이다. 하물며 인격이 있고 하나의 완전한 존재인 자녀에게 자존감을 무너뜨리는 잔소리를 해대면 아이들은 당연히 스트레스를 받고 참다 참다 못 참으면 폭발하게 되고, 결국 부모와 원수가 되어버린다.

아이들을 노엽게 하지 말고 손님처럼 대하라는 말도 있다. 언젠가는 부모의 품을 떠나 독립을 할 때가 오니 언제까지 마냥 어린아이 취급하며 잔소리할 수 없다는 것이다. 미리미리 독립의 시간을 부담스러워하지 않도록 서서히 준비시켜나가는 것이다.

노벨상의 대부분이 유태인인 이유가 유대인의 아버지의 부재에 있다고 한다. 그건 아버지의 권위주의적인 사상이 아이들의 성장과 창의성을 죽이는데 한몫을 한다는 것이다. 그래서 아버지가 일찍 돌아가신 가정의 아이들이 자신의 기량을 원 없이 발휘하여 놀라운 결과로 노벨상을 받을 만한 천재로 성장한다는 것이다. 그만큼 우리의 부모는 아이들에게 있어서 억압과 감시자로서 아이들의 무한한 가능성을 가두는 역할을 한다는 것이다. 그럴 바에는 차라리 없는 것이 더 낫다는 결론이다. 그러니 현재를 살고 있는 우리 부모들은 아이들에게 호통과 꾸중과 지적과 지시자가 아닌 자율과 평화와 사랑과 지지와 응원을 아낌없이 베풀어야 한다.

거기에 유대인의 공부법은 탈무드와 하브루타 공부법인데 이건 질문과 토론 학습법이라고 한다. 가정에서부터 끊임없이 질문하고 토론을 통하여 상대를 이기는 것이 목적이 아니라 진리를 찾는데 그 목적이 있다고 한다. 그리하여 평생 공부하는 습관을 기르고 또한 즐겁게 공부를 한다는 것이다. 그들의 배움은 사회적 출세의 수단이 아니라 삶의 목적임을 알 수 있다.

우리나라와 전혀 다른 공부법이다. 우리는 좋은 대학, 좋은 직장을 얻기 위한 공부이다. 그리고 그 목적이 달성되면 공부는 끝인 것이다. 너무나도 지겨운 일이 되어버렸기 때문이다. 유대인은 전 세계의 0.5퍼센트에 해당하는 소수민족이다. 그들의 천재 공부법은 아주 특별하지 않다. 질문과 토론이 다인 것이다.

우리도 얼마든지 할 수 있다. 우리도 주입식 교육이 아니라 상대의 의견을 존중하고 지혜를 얻고 진리를 깨달아 가는 공부법을 실천해보자. 바로 가정에서부터 실천을 하다 보면 자연스럽게 학교에서도 아이들이 질문과 토론을 할 수 있을 것이다. 말로 하는 공부법이야말로 자신이 모르면 질문이나 의견이 나올 수 없으므로 능동적으로 공부를 하게 되고, 서로 토론을 통해 자신의 입으로 내뱉고 귀로 들으면서 익혀진다는 것이다.

우리나라의 학생들의 학교 수업은 그야말로 조용하다. 유치원 때는 그런대로 떠들썩하게 질문도 하고 이야기도 한다. 그런데 중학교, 고등학교 , 대학교를 올라가면 거의 이건 어느 수도사의 도를 닦는 절간을 방불케 한다. 거기에 잠을 자는 학생들도 태반이다.

나는 중학교 과학 시간에 시간, 시간마다 놀라운 발견에 선생님께서 말씀을 하면 "아!" 하는 감탄사를 많이 했다. 그러자 한참을 듣던 선생님은 결국 내가 하는 감탄사 "아!" 를 그만 하라는 것이다. 한마디로 조용히 수업이나 들으라는 것이었다. 그러니 그다음부터는 아예 입을 다물고 수업만 들었다. 다른 아이들 역시 질문을 하지 않았다. 그러니 수업이 즐거울 수가 없고 졸음만 온다.

유태인의 학습법을 배우자. 탈무드와 하브루타 공부법인 질문과 토론하는 공부법! 걱정이나 불안만 하지 말고 지금 당장 아이들에게 질문을 하라.

"아들아! 너의 꿈은 무엇이니?"

처음에 우리 아들에게 꿈을 묻자 꿈이 없다고 했다. 그냥 평범하게 사는 것이 꿈이라고 했다. 그래서 난 "와! 아주 좋은 꿈이네!"라고 했다. 평범하게 산다는 것이 그리 만만하지 않고 그것도 아주 힘든 일이라고 했다. 잘 살아보라고 했다. 그 뒤로 자주 꿈이 무엇이냐고 또 물었다. 그때마다 아들은 꿈이 조금씩 달라졌다. 질문에 자신 스스로 생각을 한 것이다. 아무 생각 없이 대답을 했다가 조금씩, 조금씩 생각하는 힘을 기르고 본인만의 진정으로 원하는 것이 무엇인지 고민도 해본다는 것이다.

식상한 질문 같지만 우리 어른들 역시 꿈이 뭐냐고 누군가가 물어보면 당장 입으로 말할 수 있는 사람이 얼마나 있는지 궁금하다. 내 자신도 직장 생활을 하면서 다람쥐 쳇바퀴 돌 듯이 뱅글뱅글 돌기만 했다면 이렇게 작가로서의 꿈도 펼치지 못했을 것이다.

난 어려서부터 혼자 있는 시간이 많았다. 그리고 많은 공상과 상상을 통해 두려움도 생겼고 꿈도 생긴 것 같았다. 그리고 혼자서 살아가는 법을 배운 것 같다. 그래서 힘든 시기에 이길 수 있는 자양분이 되어서 버틸 수 있었던 것 같다. 부모님의 걱정과 불안은 오히려 나에게 더 불안과 걱정만 주었다.

난 용감하게 엄마가 반대하는 인문계 고등학교를 시골에서 광주라는 도시로 혼자 올라와 친구랑 자취를 하며 다녔다. 엄마의 걱정은 엄마의 욕심과 달라서 하는 걱정이었다. 엄마는 하루라도 빨리 돈 벌어서 시집을 보내는 것이 목적이었다. 난 그러고 싶지 않았다.

그러나 인생은 어떻게 살든지 간에 부모의 말을 거역하는 것이 그리 썩 기분이 좋지는 않다. 이왕이면 서로 소통이 잘 되어서 같은 마음으로 같은 진로를 선택해야 힘이 더 나고 덜 고독할 것 같았다. 그러니 우리 부모들이여! 걱정만 하지 말고, 우리 아이들이 어떤 생각을 하는지 질문을 통하여 대화와 소통을 하자!

아이를 세상의 중심으로 키워라

내가 없는 세상은 아무 의미가 없다. 따라서 우리 아이들도 역시 자신들이 없는 세상은 아무런 의미가 없다는 걸 안다면 우리 아이들을 세상의 중심으로 키워야 한다. 그 말은 세상을 통치하라는 것이 아니라 이 세상에서 없어서는 안 될 소중한 존재라는 걸 인식하도록 자존감을 세워주고, 이 세상 그 누구보다도 가장 소중한 존재라는 걸 느끼도록 해주라는 것이다. 우리 어머니의 가장 기억에 남는 칭찬 한마디가 나를 살렸다. 중학교 때의 여자아이에게는 참 견디기 힘든 경험을 해서 살아갈 의미가 없어질 때 어머니의 한마디가 생각나서 참고 살아온 것 같다.

"우리 딸이 이 세상에서 최고로 예쁘다."

이 말이 나에게는 평생 살아갈 이유와 그나마 한 움큼의 자존감을 가지게 해주었다. 이 세상에 내가 없으면 아무 의미가 없다는 걸 인식하는 것은 누구나 가지고 있어야 할 마음의 자세다. 나 하나쯤이야 하는 생각은 나뿐만 아니라 타인까지 별 볼 일 없는 존재로 생각하게 된다. 내가 소중할 때 타인도 소중하게 여기게 되기 때문이다.

우리가 아이들에게 해주어야 할 것은 아이들이 세상의 중심에 우뚝 서서 자신이 얼마나 소중한지 깨닫도록 자존감을 심어주는 것이다. 이것은 그 누구도 해줄 수 있는 부분이 아니다. 가정에서부터 그런 자존감이 심어지도록 아이들에게 사랑을 주어야 한다.

아이에게는 가정이라는 곳이 가장 먼저 만나는 사회이고, 가장 처음 접하는 관계이므로 아이들은 가정에서 모든 것을 배운다. 사랑받는 가정, 지지받는 가정, 응원받는 가정이라면 사회에 나가서도 그 자존감이 지탱해주고 살아볼 만한 도전의 장이 될 것이고, 무시당하고 감시당하는 가정이라면 사회에 대한 불만과 부정적인 생각만 하다가 결국은 자살이라는 선택을 하고 만다. 자! 어떤 것을 선택할 것인가? 아이를 불행의 구렁텅이로 빠뜨릴 부모가 될 것인가? 아님 행복의 통로, 축복의 통로가 된 부모가 될 것인가? 선택하라!

될 수 있으면 아이들에게 이런 칭찬을 자주 해줘라.

"우리 딸은 이 세상에서 최고 예뻐!"

"우리 아들은 이 세상에서 최고로 잘생겼어!"

"우리 딸, 아들은 이 세상에서 최고로 멋져!"

"우리 아들은 이 세상에서 최고로 훌륭해!"

이렇게 칭찬을 해주면 정말 아이들은 그 말을 믿는다. 그리고 어떻게 하면 최고로 훌륭해질 것인가 고민하고 생각하고 훌륭해지도록 노력을 한다. 적어도 자존감은 아주 높아진다는 것이다. 뭘 해도 된다는 긍정의 마인드를 가진다. 그리고 자신이 이 세상에서 없어서는 안 될 가장 소중한 존재라는 걸 깨닫게 했다면 성공한 것이다.

그러기 위해선 우리 부모들부터 자존감을 가져야 한다. 자신의 있는 모습 그대로를 사랑하고 허용하고 용납하고 받아들여라. 그리고 이 세상에서 내가 가장 소중하고 사랑스럽고 귀한 존재라는 것을 인식하고 깨닫자. 사랑이 넘칠 때 내 주위의 사람들에게 흘러가게 되고, 가장 가깝게는 내 자녀들, 가족, 그리고 이웃, 직장과 나라까지 사랑으로 차고 넘치게 되고, 결국 우리는 천국처럼 살 수가 있게 된다. 우리 모두가 함께 노력하면 천국은 곧 올 것이다. 시작은 나 자신부터이다. 지금 바로 시작이다.

초등학교 때 우리 반 친구들의 장래희망을 물으면 대부분 학교 선생님이 되고 싶어했다. 대통령이 되고 싶어하는 친구도 몇몇 있었다. 난 가수가 꿈이었다. 그러나 자라면서 성인이 되었을 때 대통령은커녕 선생님도 되기 어렵고, 가수가 되기는 더 어려웠다.

지금은 그냥 평범한 두 아이의 엄마라는 이름만 갖고 있을 뿐이다. 그러나 이것은 최고의 직함이다. 누구나 하는 것이라고 시시하게 생각한다면 큰 오산이다. 농사 중에 최고의 농사가 바로 자식 농사라는 말도 있듯이 자녀를 양육하는 엄마라는 직함은 이 세상 최고의 직업이자 훌륭한 스펙이다. 우리나라는 주부, 아줌마라는 호칭을 너무나도 하찮고 저렴한 값으로 치부하는 것 같아 기분이 너무 나쁘다. 주부와 아줌마라는 이름에는 소중한 가정을 지키기 위해 몸부림치는 한 여인의 울부짖음이 내재되어 있다는 것을 간과해서는 안 된다. 물론 그 자리가 부담스러워 회피하는 사람도 있지만 그 자리는 아무도 대신할 수 없는 고귀한 자리인 것이다.

우리가 비록 한 맺힌 우리의 부모님들로부터 물려받은 것이 서러움과 불안함과 열등감일지언정 현재를 살아가는 우리는 적어도 이 책을 읽는 독자분들 만큼은 더 이상 그런 아픔들을 물려주지 말자. 악순환이 계속되게 하지는 말자는 것이다.

우리나라의 자살률 1위와 이혼률 1위의 불명예를 이젠 벗겨보도록 하자. 우리나라도 이제 세계 0.5퍼센트의 소수민족의 유대인들처럼 자녀 양육을 합리적으로 잘하여 서로를 존중하고 화합하도록 하고 자존감을 높여서 행복한 가정, 행복한 학교, 행복한 직장, 행복한 사회가 되도록 해보자. 우리는 할 수 있다.

50이 다 된 나도 이렇게 작가의 꿈을 이루고 있다. 잘나서도 아니고 엄청난 큰 업적을 이룬 것도 아니다. 훌륭한 스펙이나 직업을 가진 것도 아니다. 나 자체로 소중하고 훌륭하고 위대하기 때문이다. 이 땅에 태어나 지금까지 잘 살아온 것 자체가 기적이고 위대하다고 생각한다. 나를 아는 그 누군가가 나를 욕할지언정 나는 상관하지 않는다. 누구나 허점들은 다 있고 그런 실수와 허점투성이라도 소중하기 때문이다.

그 누구도 나를 손가락질할 자격은 없다고 생각한다. 나도 지금까지 살아오느라고 얼마나 힘들고 고생을 많이 했는지 모른다. 그런 삶이 있어서 소중하고 나만의 경험과 노하우가 나에게 있기에 이런 깨달음들을 나누고 함께 잘 살아보자는 취지로 이런 글을 쓴다고 하는데 누가 뭐라고 할 것인가. 아마도 없을 것이다. 여러분도 힘내시고 도전해보길 바란다.

아이들이 다 자랐다고 생각하면 할 일을 다 하였다고 생각하고, 남은 인생을 허무하게 보내는 사람들이 많이 있다. 그러나 결코 그건 올바른 태도가 아니다. 제 2의 인생이 기다리고 있는데 그냥 허송세월 보내는 것은 아니 되올 말씀이다. 드디어 자신의 못다 이룬 꿈을 향해 달려 갈 인생이 남아 있는 것이다.

데뷔 2년차 77세 시니어 모델 최순화 님을 아는가? 젊은 아가씨들도 힘들어 하는 패션모델의 길! 과연 70대인 할머니께서 모델이 가당키나 한 말인가? 너무 충격적이지 않은가? 정말 놀랍고 존경스럽기까지 한다. 그분은 어려서부터 모델이 꿈이었다고 한다. 그 꿈을 결혼하고 자녀를 키우면서 잠시 내려놓았다가 무려 70세에 다시 꿈을 되찾기 위해 학원을 다니고 준비를 하여 75세에 런웨이를 걷게 되었다고 한다. 이뿐만이 아니다. 70이 넘는 나이로 윤영주 님 역시나 시니어 모델로 도전장을 내민 분이시다. 이런 멋진 분들 앞에 기껏 나이 이제 40, 50대이신 분들이 못 할 것이 뭐가 있는가! '죽기 전까지 늦은 건 없다!'라는 것이다.

직장 생활을 하다가 40대에 〈미쓰 홍당무〉라는 영화의 감독이 된 이경미 씨, 〈변호인〉의 영화감독 양우석 씨, 40대에 직장을 그만두고 해양 모험가가 된 김승진 씨, '지금 아니면 언제 해?' 30대에 방송 활동을 중단하고 외국에 나가 행복하게 살다가 돌아온 방송인 황보 씨. 모두가 다 용감한 도전을 하신 분들이다. 왜 그런 도전을 했는지 궁금하지 않은가? 그들은 사람들의 시선에 얽매어 하기 싫은 일을 계속 유지하며 힘들어 하는 걸 원하지 않았다. 당당히 박차고 나와 자신의 꿈을 위해 도전을 한 것이다. 바로 자신이 이 세상의 중심에 서서 스스로 존재의 가치를 느끼고 진정한 행복을 찾고 싶은 것이다.

우리 모두가 다 하고 싶은 거 했으면 좋겠다. 그런 우리의 도전정신이 우리 인생 후배인 자녀들에게도 큰 도전이 될 것이다. 이 세상의 중심이 바로 나 자신이란 걸 잊지 말았으면 한다.

난 학벌도 스펙도 없지만 앞으로 베스트셀러 작가가 되어 보고 싶고, 유명한 크리에이터도 되고 싶고, 강연가도 되고 싶다. 그리고 어려서부터 즐겨 불렀던 노래하는 가수가 되고 싶다. 이런 나의 꿈은 그 누구도 막을 수는 없다. 이제 나는 어른이고, 방해꾼은 아무도 없다. 있다면 내 자신일 뿐이다. 그러니 충분히 꿈을 향해 달려 나갈 수 있다는 것이다. 여러분 하고 싶은 거 하고 삽시다. 난 소중하니까! 난 세상의 중심이니까! 도전! 도전! 도전합시다!!!

"살아 있는 동안 우주에 흔적을 남겨보자!" - 스티브 잡스

에필로그

작은 씨가 큰 나무를 이루듯, 작은 사랑도 큰 힘이 됩니다

50여 년간 살면서 가졌던 버킷리스트 중 책 한 권 쓰기가 있었는데, 생각보다 빨리 이루게 되었다. 〈한국책쓰기1인창업코칭협회〉 김태광 코치님과 미다스북스의 명상완 실장님께 감사를 드린다. 두 분의 격려와 응원이 많은 힘이 되었기 때문이다. 나의 인생에 큰 획을 그은, 나의 역사에 길이 남을 두 분에게 다시 한 번 깊은 감사를 보낸다.

고등학교 때 나의 꿈은 역사책에 내 이름을 남길 만한 일을 하겠다는 것이었다. 그런데 이렇게 나의 역사를 책으로 쓰게 될 줄이야! 너무 감격스럽고 행복하지 않을 수가 없다. 초등학교 때 일기를 꾸준히 썼던 것 외에 그 후로 글을 쓴 적은 없지만, 언젠가부터 마음속에는 항상 책을 쓰고 싶다는 열망이 있었다. 나의 업적이 많아서가 아니다. 또한 내가 유명해서도 아니다. 이 세상에 태어난 한 인간으로서 자신의 삶을 책으로 기록해보는 것은 아주 뜻

깊고 고무적인 일이라 생각한다. 여러분들도 특별한 나만의 인생을 글로 적어보라. 아무 생각 없이 하루하루 일상에 매어 살았던 자신을 돌아볼 기회가 될 것이다. 또한 나와 얽힌 많은 사람들 사이에서 생긴 오해를 풀고 상처가 치유되는 것을 느낄 것이다.

호랑이는 죽어서 가죽을 남긴다고 하는데, 인간으로 태어났으니 책을 쓰면서 자신의 이름을 남겨보는 것도 참으로 소중한 일이 될 것이다. 내가 살아 있다는 것을 느낄 것이다. 또한 행복하게 될 것이다. 정신없이 살면서 아이들을 키웠지만, 이 책을 쓰면서 비록 부족하지만 또한 아이들을 많이 사랑한 엄마였다는 걸 느낀다.

마냥 엄마 아빠를 원망한 나였는데, 이젠 이해가 되고 용서가 된다. 나도 엄마 아빠의 입장을 생각해보니 충분히 그럴 수밖에 없었음을 알게 되었다. 누구나 입장을 바꿔 생각해보면 오해가 아니라 원망이 아니라 이해와 용서가 된다. 단지 그럴 여유가 없었을 뿐이다. 그러니 이런 책 쓰는 방법을 통해서 인생 전반을 돌아볼 수 있어서 정말 다행이다. 안 썼더라면 평생 부모님을 원망만 하다 갔을 것이다.

앞으로 남은 인생은 나와 내 주변의 모든 사람들을 이해하고 사랑할 수 있을 것 같다. 과거 나의 모든 트라우마와 상처, 오해를 풀고 나니 열등감이

나 피해망상이 사라졌기 때문이다. 책을 쓰면 이런 치유가 나타난다.

엄마로서, 아내로서, 이 사회의 일원으로서 작지만 소중한 한 사람으로 최선을 다하여 살아보련다. 작은 씨가 큰 나무를 이루듯 그 씨 안에 생명이 있다면 그것은 엄청난 큰 힘을 발휘할 수가 있을 것이다. 너무 작은 존재라고 그 힘을 묻어 두지 말자. 여러 가지 방법들이 널려 있으니 자신의 귀한 가치를 여한 없이 이 세상에 선사하고 가자. 나와 내 이웃이 행복해지도록 말이다. 지금까지 살아온 나 자신과 나를 아는 모든 이들에게 깊은 감사를 드리며, 이 글을 마감하려 한다.